长岛生物多样性科普丛书

长岛鸟类资源

山东省林业保护和发展服务中心
中国林业科学研究院森林生态环境与自然保护研究所　组织编写
北京中林联林业规划设计研究院有限公司

梁江涛　邵　飞　于国祥　江红星　李春兰　主编

图书在版编目（CIP）数据

长岛鸟类资源 / 山东省林业保护和发展服务中心，中国林业科学研究院森林生态环境与自然保护研究所，北京中林联林业规划设计研究院有限公司组织编写；梁江涛等主编. -- 北京：中国林业出版社，2023.9
（长岛生物多样性科普丛书）
ISBN 978-7-5219-2358-2

Ⅰ.①长… Ⅱ.①山… ②中… ③北… ④梁… Ⅲ.①鸟类—研究—烟台 Ⅳ.①Q959.7

中国国家版本馆CIP数据核字(2023)第178029号

策划编辑：肖静
责任编辑：肖静　刘煜
装帧设计：北京八度出版服务机构

出版发行：中国林业出版社
　　　　　（100009，北京市西城区刘海胡同7号，电话83143605）
电子邮箱：cfphzbs@163.com
网　址：www.forestry.gov.cn/lycb.html
印　刷：河北京平诚乾印刷有限公司
版　次：2023年9月第1版
印　次：2023年9月第1次
开　本：889mm×1194mm　1/16
印　张：13.5
字　数：290千字
定　价：138.00元

编写委员会

组织编写

山东省林业保护和发展服务中心

中国林业科学研究院森林生态环境与自然保护研究所

北京中林联林业规划设计研究院有限公司

编写人员

主　　编：梁江涛　邵　飞　于国祥　江红星　李春兰

副主编：孙　戈　邢成龙　陈丽霞　谢茂文　吴忠迅　乔　厦

编写人员（按姓氏笔画顺序）：

丁　彬　卜祥祺　于晓明　马旭冉　王艺璇　王瑞雪

包志强　冯金鑫　刘　琳　刘金龙　孙妮妮　李　兴

吴思明　初永忠　张　瑾　张云洲　张乐乐　张峻新

张照东　张鹏远　罗伟雄　岳　阳　周　瑶　周佳红

周继磊　孟晓烨　赵文太　高　彤　高　晴　郭建曜

崔　聘　彭　帆　韩雪涛　解小锋

前言

为提升长岛生态系统多样性、稳定性、持续性，助力长岛创建中国首个海洋型国家公园，山东省林业保护和发展服务中心联合中国林业科学研究院森林生态环境与自然保护研究所、长岛国家级自然保护区管理中心、北京中林联林业规划设计研究院有限公司等单位，启动长岛国家级自然保护区（以下简称"长岛保护区"）鸟类生态调查监测项目。该项目旨在掌握长岛鸟类数量以及近年来种群变化情况，识别并分析重要影响因子，提出针对性保护措施，提升长岛保护区鸟类保护水平，为开展长岛鸟类研究提供重要参考。

长岛保护区位于山东省烟台市蓬莱区的长岛海洋生态文明综合试验区，地处胶东、辽东半岛之间，黄海、渤海交汇处，由长山列岛（也称庙岛群岛）的大小32个岛屿组成，其中有居民岛10个。长岛保护区于1982年经山东省人民政府批准建立，1988年晋升为国家级自然保护区，具有独特的海岛地理条件，主要保护对象为鹰、隼等猛禽及候鸟栖息地。

长岛保护区位于东亚—澳大利西亚和西太平洋鸟类迁徙路线上，是中国乃至世界重要候鸟迁徙通道。其地理上北距辽宁省老铁山42.2千米，南距蓬莱7千米，南、北岛长度56.4千米，东、西岛宽度30.8千米，海岸线长146千米，在山东和辽宁之间形成一串海上"跳板"，每年大量候鸟循着这些南北排列的岛屿飞越渤海。长岛各岛屿高耸的山峰和崖壁，利于上升气流的形成，也为这些借助气流翱翔的鹰、隼类猛禽提供了飞越渤海的巨大助力，因此长岛成为国内最好的猛禽观测地点之一。此外，长岛保护区内的高山岛、车由岛、猴矶岛等无人岛屿，其垂直陡峭的崖壁也是海鸟重要繁殖地。每年春、夏季，大量的黑尾鸥、海鸬鹚、绿背鸬鹚、黄嘴白鹭等海鸟在此繁殖。

根据2022—2023年的野外调查数据，参考《山东长岛国家级自然保护区总体规划（2023—2032年）》列举的369种鸟类、长岛环志站1984—2022年的环志数据、长岛及周边地区的观鸟记录，以及于国祥等（2022）整理的《长岛鸟类多样性名录》（346种），并参照郑光美2023年《中国鸟类分类与分布名录（第四版）》的最新分类结果，首次全面厘定长岛保护区鸟类名录，包括21目71科370种。本书不同于传统的鸟类资源和鸟类图鉴图书，更侧重于科普教育，传播普及鸟类知识，提高公众爱鸟意识。为了让更多人了解鸟类保护知识，弘扬鸟类文化，推动鸟类保护工作，山东省林业保护和发展服务中心联合有关单位编写《长岛鸟类资源》。本书重点整理收录了长岛276种鸟类的图文资料，包括分类地位、鉴别特征、食性、繁殖习性、分布、保护等级以及在长岛的居留型和常见程度，图文并茂、通俗易懂，便于保护区工作人员和公众查阅参考。

本书中的图片得到广大观鸟爱好者和摄影爱好者的大力支持和帮助，主要有以下同志：薄顺奇、陈建中、陈军、单凯、丁洪安、董文晓、杜松翰、斐志新、丰淑亮、付建智、关翔宇、韩京、胡云程、胡玉花、黄丽华、蒋航、孔德茂、李秀兰、李永民、李在军、刘庆堂、刘月良、陆军、钱斌、宋树军、孙传保、孙戈、唐建兵、汪湜、王东、吴海龙、武明录、夏家振、许杰、薛琳、袁晓、张代富、张明、张树岩、张锡贤、张永、赵凯、曾晨、朱英等。特别是山东黄河三角洲国家级自然保护区单凯教授级高级工程师、安庆师范大学赵凯副教授等，对本书编写给予了大力支持和帮助。在此，一并致以衷心感谢。

鸟类是人类的财富，自然是最好的老师。当我们走进自然，体验观鸟带来的无穷乐趣时，不仅收获丰富的鸟类知识和对待生命、善待自然的态度，还有积极的价值观、人生观和大自然给予我们的美好启迪。这也是我们编写本书的初衷。本书数易其稿，反复修改，力求把最丰富、最前沿的鸟类知识、鸟类文化以直观的形式介绍、分享给读者。由于编者专业能力和水平有限，书中难免出现错漏，敬请读者批评指正。

编者

2023年8月4日

图文编写说明

借鉴鸟类图鉴的编写经验，为便利、高效查阅鸟种信息，本书第4章、第5章和第6章分别以长岛保护区猛禽、海鸟及滨海水鸟和其他鸟类的形式，整理收录了长岛保护区276种鸟类的图文资料，包括分类地位、鉴别特征、食性、繁殖习性、分布、保护等级以及在长岛的居留型和常见程度，便于保护区工作人员和公众查阅参考。

（一）文字说明

鉴别特征： 介绍鸟种鉴别最重要的信息，并与图片的识别标识对应。观鸟中，头部特征是值得关注的焦点。

食性： 食性与鸟类的形态有很大关系，也是鸟类与生境关联的主线。无论是草食还是或杂食性鸟类，在繁殖哺育后代时，它们总会食些高蛋白、高营养的动物，书中虽没有明确，但这点应作为常识。

繁殖习性： 在繁殖期的信息，包括繁殖期、每窝产卵数、孵化期等基本内容。当地的生态环境会影响鸟类的繁殖情况。

分布： 从全球的尺度介绍繁殖、越冬分布。根据繁殖、越冬分布并结合长岛保护区所处的位置，可大致推断出当地鸟类的居留状况。

保护等级：

- 国家重点保护级别参照国家林业和草原局、农业农村部公告2021年第3号文发布的《国家重点保护野生动物名录》；

- IUCN红色名录等级参考《世界自然保护联盟濒危物种红色名录》（简称IUCN红色名录）2022年发布的受威胁等级，其中，CR、EN、VU、NT、LC、DD、NE分别为极危、濒危、易危、近危、无危、数据缺乏、未予评估等7个等级。IUCN红色名录等级是全球动植物物种保护现状最全面的名录，也被认为是生物多样性状况最具权威的指标。
- 双边保护协议包括了中俄（俄罗斯）、中韩（韩国）、中日（日本）、中澳（澳大利亚）、中新（新西兰）候鸟及栖息地双边保护协定中的鸟类名录。

当地信息：
- 居留型分为留鸟、夏候鸟、冬候鸟、旅鸟、迷鸟5类；
- 常见程度以五角星标注。

（二）图片标识

文字说明总是枯燥无趣，图片标识会给出直观的信息，增加阅读兴趣。如果图片标识仍然不足，文字说明便起到补充说明的作用。

本书采用照片形式展现，并标注鸟类主要鉴别特征。鸟种存在个体的差异，并不是每张照片都能提供鸟种的典型特征。本书采用折中的方法，在大量鸟类照片中选择能表现典型特征的照片来说明。

（三）术语、符号

体长： 鸟拉直平放，从嘴尖至尾端的长度，单位为cm。

常见程度： 基于2022—2023年的野外调查数据、长岛环志站1984—2022年的环志数据、长岛及周边地区的观鸟记录，以及于国祥等（2022）整理的《长岛鸟类多样性名录》，用6个级别评估每个鸟种在长岛保护区内的常见程度。

★★★★★：各岛全年随处可见的留鸟，如麻雀、白头鹎和金翅雀。

★★★★☆：常见程度中等，少于麻雀的留鸟，每条约3千米长的样线上的平均记录次数大于1次而小于等于5次；或者，在每年的特定季节，各岛随处可见，但在其他季节难以见到的候鸟，比如仅夏季常见的白腰雨燕和金腰燕，以及仅春、秋季常见的黄腰柳莺和燕雀。

★★★☆☆：比较少见的留鸟，每条约3千米长的样线上的平均记录次数小于或等于1次；或者，在每年的特定季节比较常见，但仍少于麻雀的候鸟，当季每条约3千米长的样线上的平均记录次数大于1次而小于或等于5次，而在其他季节则难以见到，如凤头蜂鹰和普通鵟等迁徙过境的猛禽；或者，虽调查中记录数较少，但近年当地的年平均环志数量超过100只的鸟类；或者，仅在几座无人岛繁殖，且繁殖量不大的海鸟，如绿背鸬鹚。

★★☆☆☆：比较少见的候鸟，当季每条约3千米长的样线上的平均记录次数小于或等于1次，如鹗和牛头伯劳；或者近年当地的年平均环志数量在10～100只的鸟类；或者，仅在几座无人岛繁殖，且繁殖量较少的海鸟，如海鸬鹚和黄嘴白鹭。

★☆☆☆☆：调查期间未有记录，但2000年后有可靠的实体记录，如铜蓝鹟和灰树鹊；或长岛位于该候鸟常规迁徙路线上，迁徙季节很可能从空中飞过。

☆☆☆☆☆：仅有文献记载，2000年后极少记录，如短尾信天翁。

鸟类生长期术语：

成鸟：性成熟，具有繁殖能力的鸟。

亚成鸟：第一次换羽后至成为成鸟之间的鸟。

幼鸟：离巢后至第一次换羽之间的鸟。

雏鸟：孵化后至羽毛长成之间的鸟。

夏羽：春、夏季繁殖期间换上的羽，又称繁殖羽。

冬羽：繁殖期过后所换的新羽，又称非繁殖羽。

目 录

前　言

图文编写说明

第1章　长岛保护区概况 ... 001

1.1　地理位置及范围 ... 002
1.2　历史沿革与法律地位 ... 002
1.3　地质地貌 ... 002
1.4　气候 ... 003
1.5　水文 ... 004
1.6　土壤 ... 004
1.7　植物资源 ... 005
1.8　动物资源 ... 006
1.9　社区与土地利用情况 ... 007

第2章　长岛鸟类资源 ... 009

2.1　长岛鸟类环志资源 ... 010
2.2　鸟类资源专项调查 ... 013
2.3　长岛鸟类名录 ... 022

第3章　长岛鸟类生态型与识别要点 ... 023

3.1　鸟类的生态型 ... 024
3.2　鸟类居留型 ... 026
3.3　鸟种识别要点 ... 027
3.4　识别要领 ... 031

第 4 章　长岛猛禽 　　　　　　　　　　　　　　033

鸮形目 ………………… 037	鹰形目 ………………… 043
隼形目 ………………… 040	

第 5 章　长岛海鸟及滨海水鸟 　　　　　　　055

潜鸟目 ………………… 058	雁形目 ………………… 060
䴙䴘目 ………………… 058	鸻形目 ………………… 061
鲣鸟目 ………………… 059	鹈形目 ………………… 076

第 6 章　其他鸟类 　　　　　　　　　　　　　077

雁形目 ………………… 080	鸽形目 ………………… 116
䴙䴘目 ………………… 094	夜鹰目 ………………… 118
鹳形目 ………………… 095	鹃形目 ………………… 119
鲣鸟目 ………………… 098	犀鸟目 ………………… 123
鸻形目 ………………… 099	佛法僧目 ……………… 123
鹳形目 ………………… 109	啄木鸟目 ……………… 125
鹈形目 ………………… 110	雀形目 ………………… 126
鸡形目 ………………… 115	

主要参考文献 ……………………………………………… 182

附录：长岛保护区鸟类名录 ……………………………… 183

中文名索引 ………………………………………………… 197

学名索引 …………………………………………………… 201

第1章　长岛保护区概况

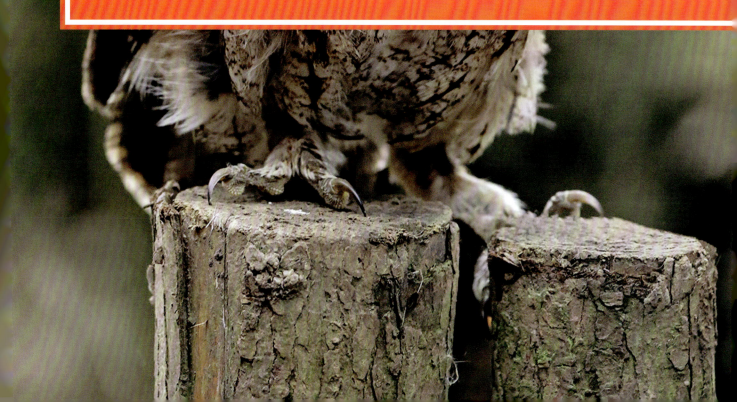

1.1　地理位置及范围

山东长岛国家级自然保护区（以下简称"长岛保护区"）位于山东省烟台市蓬莱区的长岛海洋生态文明综合试验区，地理坐标为东经120°35′28″~120°56′36″，北纬37°53′30″~38°23′58″。长岛保护区地处胶东、辽东半岛之间，黄海、渤海交汇处，由长山列岛（也称庙岛群岛）的大、小32个岛屿组成。其中，10个最大的岛屿有人居住，即南长山岛、北长山岛、庙岛、小黑山岛、大黑山岛、砣矶岛、大钦岛、小钦岛、南隍城岛、北隍城岛，其余岛屿无常驻居民。长岛保护区总面积5015.2公顷，其中，核心区1333.8公顷，占保护区总面积的26.6%；实验区面积3681.4公顷，占总面积的73.4%。

1.2　历史沿革与法律地位

1.2.1　历史沿革

1982年，山东省人民政府批准建立"长岛省级自然保护区"，开展鸟类保护工作。

1984年，国家投资建立"山东省长岛候鸟保护环志中心站"，进行鸟类环志与科研工作。

1988年5月，经国务院批准（国办发〔1988〕30号）长岛保护区晋升为国家级自然保护区。

1990年，长岛县人民政府发布《长岛县自然保护区管理暂行规定》（长政发〔1990〕3号）。

1992年，长岛县人民政府下发（长编发〔1992〕9号）文件，设立山东长岛国家级自然保护区管理处，编制15人。

2001年，长岛县县级党政机构实施改革，长岛国家级自然保护区管理处更名为"长岛国家级自然保护区管理局"（长发〔2001〕18号），挂林业局牌子，行使林业行政管理职能，编制48人。

2019年，根据《长岛综合试验区工委机构编制委员会关于山东长岛国家级自然保护区管理局等2个单位更名的通知》（长编〔2019〕3号），"山东长岛国家级自然保护区管理局"更名为"山东长岛国家级自然保护区管理中心"。

2021年，根据《关于印发〈山东长岛国家级自然保护区管理中心机构职能编制规定〉的通知》（长编〔2021〕7号），保护管理机构人员编制31人，下设办公室、资源保护科、生态监测科及国有长岛林场4个科室。

1.2.2　法律地位

山东长岛国家级自然保护区管理中心为独立事业法人单位，副处级，隶属于长岛海洋生态文明综合试验区工委、管委，业务上受烟台市自然资源和规划局指导，按照国家相关法律法规开展鹰、隼等猛禽、其他鸟类、海洋动物及其栖息地的保护管理工作。

1.3　地质地貌

1.3.1　地质

长岛诸岛屿地层多呈单斜，有些地方地层平缓，有些地方地层倾角很陡，地质构造较活跃，断层、裂隙较发育，小褶皱、变质岩层的层间揉皱也常见，岩浆活动相对较弱，火山活动仅见于大黑山岛，属第三纪火山岩。

长岛位于北西向张家口-蓬莱断裂带与北东向郯庐断裂带交汇附近。其西侧以郯庐断裂带为界，是渤海湾盆地，新生代（早期）伸展构造活动较为强烈，盆地内发育NNE、NE、近EW、NWW、NW向等多个方向的断裂。长岛地区位于郯庐断裂带东缘和威海-蓬莱断裂带交汇处的地震带。

1.3.2 地貌

在地质构造、地层岩性、水文、气象等因素的综合影响和作用下，根据形态特征，可将长岛地貌分为剥蚀丘陵、黄土地貌、海岸地貌三种类型。

①剥蚀丘陵地貌。剥蚀丘陵地貌分布于区内各岛，丘陵和山脉多与地层走向一致（南、北长山岛尤为明显），岛陆起伏较大，基岩裸露，海拔高度一般小于200米，切割深度一般小于100米。主要由蓬莱群石英岩、板岩、千枚状板岩及中生代侵入岩和新生界玄武岩组成。经长期风化剥蚀，丘陵顶部平缓。其上残存有厚薄不一的红土风化壳。地形坡度较大，沟谷发育，多呈"V"字形，部分地区发育风化坡积作用形成的红土角砾石，厚度小于3米。诸岛山势多为平顶山和半劈山，山体坡度一般在10°～40°。除南长山、北长山、大黑山、砣矶、大钦和北隍城等岛有多山夹谷和局部小块平地外，多数岛屿为露海孤山。

②黄土地貌。黄土分布于各大岛屿的沟谷和低平地，集中分布在海拔10～70米的范围内，总厚度20米左右。它以披盖形式掩埋了各种古老地形，并在流水及重力作用下发育成多种形态类型，主要有黄土台地、黄土坡地、黄土冲沟、黄土陡崖等。

③海岸地貌。受地质构造、地层产状、岩性、海流及波浪等因素控制，在各岛沿岸有规律地发育了海蚀、海积地貌。海蚀地貌的主要类型有海蚀崖、海蚀阶地、海蚀平台、海蚀柱、海蚀拱桥等。海积地貌的主要类型有砾石滩、连岛砂石洲、砾石嘴及砾石堤等。其中，南隍城岛、大钦岛、高山岛、猴矶岛、车由岛和大黑山岛的基岩海岸占其海岸线总长的50%以上，且多系峭壁岩滩，由于基岩岩性和产状不同，形成形态多姿的海蚀崖、海蚀穴和奇礁异石；在南长山岛、小钦岛、螳螂岛、小黑山岛和挡浪岛的南端，均有沙嘴发育。

1.4 气候

长岛岛群气候特征与烟台相似，为暖温带季风区大陆性气候，四季分明，气候温和，大陆度为57.4%，因四面环海，受海洋调节，表现出春冷、夏凉、秋暖、冬温、昼夜温差小、无霜期长、大风多、湿度大等海洋性气候特点。季风进退和四季变化均较明显。相对而言，长岛海域风力更强，风力资源丰厚。本海区海水透明度高，夏季天气凉爽，风力较大、雨量偏小、阳光充足。

长岛年平均气温在11.0℃～12.0℃，由南向北递减，最冷月出现在1月，为-1.8℃，最热月出现在8月，为24.5℃。全区历年年平均降水量为537.1毫米。区内的降水由南向北呈递减趋势，降水量季节分布明显，降水集中于7～8月。

长岛地处海峡风道，秋冬季节受西伯利亚南下冷空气影响，盛行偏北大风；春夏季节受蒙古至中国东北地区气旋和江淮气旋的影响，盛行西南和东北大风；夏季和秋季由于还受太平洋台风的影响，该区风大且多，最大风速可达40米/秒，并有自南向北频率增高、风力大的特点。

长岛地区年平均雾日数为27天，最多41天（1990年），最少为15天（1986年、1989年）。4～7月雾日较多，出现雾日3～4天，月平均4.4天。7月雾日最多达4.2天，9月至翌年1月很少出现雾日。能见度低于航行要求的天数计8天。海雾以南隍城岛最多，北长山岛最少。雾一般在夜间至早晨形成和发展，日出后减弱或消散。海雾主要对海上运输、船舶进出港和渔业生产、码头作业等危害较大，海雾弥漫造成的船只碰撞事故也时有发生。全区历年年平均相对湿度为67%，其中，7～8月最大，为85%；12月最小，为60%。长岛历年年平均霜日为121天。

长岛灾害性天气有台风（含热带风暴）、寒潮大风和干旱三类。其中，台风（含热带风暴）主要出现在夏季和初秋，台风中心穿过半岛的多出现在7、8月，多有8～12级狂风暴雨并形成风暴潮，危害很大。寒潮主要发生在10月至翌年4月间，寒潮经过地区，常常给生产和生活造成严重损失。若遇大潮汛期，加上寒潮引起的向岸大风，则会发生海水倒灌形成风暴潮，淹没村庄和土地。大风是一年四季常见的一种灾害性天气。长岛地区年均大风的天数59.0～110.6天，其中，砣矶岛最多。长岛是烟台市缺水严重的地区之一，根据长岛气象台历年资料统计，本区旱年占60%，正常年只占20%。干旱对渔业产量和养殖业有较大影响，对农作物和生产、生活用水的影响更为严重，一般春夏干旱较频。

1.5　水文

长岛岛群内各岛多为独立岛屿，岛上无河流、湖泊分布，地表水全靠大气降水补给。长岛地区地下水资源贫乏，除大冲沟下游分布少量松散岩类孔隙水外，大部分为基岩裂隙水。

长岛海区潮汐为正规半日潮，潮高地理分布北部较南部高。平均潮差的逐月变化在9～11厘米，一年中有两峰两谷，峰值在3月和9月，谷值在6月和12月。本海区涨、落潮历时的逐月变化很小，年变化只有9分钟和7分钟。长岛海区的波浪以风浪为主。波浪在冬季（10月至翌年3月）盛行东北风时，以北向和西北向的浪占优势，大浪出现较多。夏季盛行偏南风，其波浪以东南向和西北向占优势，大浪很少出现。由于波浪受地形和风的影响，浪高和周期均有明显季节变化。

潮流运动形式以往复流为主。海流主要是受黄、渤海的交换海流影响，砣矶岛以北水道是北黄海水向西进入渤海的主要通道，长山水道、登洲水道是渤海沿岸水向东进入北黄海的主要通道，北部海区余流以西向为主，南部海区余流则以东向为主，其流速北部大、南部小，表层大、底层小。

1.6　土壤

长岛保护区土壤以棕壤、褐土为主，兼有部分潮土。棕壤土类俗称"石渣土"，为变质岩母质风化物，土质粗疏，表层沙砾多，蓄水能力差，养分含量少，占土壤总面积的57.2%，主要分布于山丘中上部。褐土土类土体深厚，养分含量高，适耕性能好，占土壤总面积41.8%，主要分布在山丘中下部和部分滨海平缓地，以南长山岛、北长山岛、大黑山岛和小黑山岛为主。潮土土类由滨海盐化潮土和滨海卵石土组成，占土壤总面积的1%，主要分布于滨海平缓地。其中，滨海盐化潮土分布在长山岛嵩前村西北部，潜水埋深2米左右，耕性一般；滨海卵石土分布于北长山岛北城村，潜水埋深3米左右。

1.7 植物资源

长岛保护区内共分布植物资源12门240科807属1541种，其中真菌门16科24属38种、硅藻门14科41属103种、金藻门1科1属1种、甲藻门4科4属11种、绿藻门8科10属15种、红藻门25科51属73种、褐藻门17科28属35种、地衣门7科8属17种、苔藓门6科7属8种、蕨类植物门12科13属18种、裸子植物门6科16属28种、被子植物门124科604属1194种。

根据2021年国家林业和草原局、农业农村部颁布的《国家重点保护野生植物名录》，不计栽培植物，长岛保护区内共有国家二级保护野生植物3种，分别是中华结缕草（*Zoysia sinica*）、野大豆（*Glycine soja*）和珊瑚菜（*Glehnia littoralis*）。

1.7.1 海洋植物

长岛保护区及周边区域的大型海洋植物（海藻和海草）分布广、种类多、生物量大，由这些大型海藻和海草形成的海藻场和海草床连片或斑块状分布，成为长岛浅海湿地生态系统的主要生境类型，为长岛浅海提供了稳定底质、抵御风浪、改善水质的生态功能，也是长岛海域维持丰富的海洋生物多样性的物质基础和空间基础，为大量的海洋动物提供了食物来源、产卵场和避难所，是长岛海洋群落最为明显的特征。

根据调查数据和汇总资料进行综合研判，长岛保护区分布海洋植物共70科137属242种。其中，大型底栖海洋藻类植物共123种，包括红藻门73种，绿藻门15种，褐藻门35种；海洋浮游植物共115种，其中，硅藻门103种，甲藻门11种，金藻门1种；另有海洋被子植物门4种，均为眼子菜科种类。

北隍城岛、南隍城岛以及小钦岛大型海藻场保护得较好，有些海域几乎为原始状态的天然海藻场，分布着羊栖菜（*Sargassum fusiforme*）、鼠尾藻（*S. thunbergii*）、铜藻（*S. horneri*）、海黍子（*S. muticum*）和裂叶马尾藻（*S. siliquastrim*）等马尾藻属物种，以及海带（*Saccharina japonica*）和裙带菜（*Undaria pinnaitifida*）等冷水性大型褐藻，近年来出现了多肋藻（*Costaria costata*）。长岛的海藻场的面积和海藻种类，从南向北逐渐递减，人类活动频繁海域的海藻生物量和种类少于人迹罕至的海域或无人岛。

1.7.2 维管束植物

依据资料记载，长岛保护区内分布有维管束植物142科633属1240种（包含种下等级），其中栽培种619种，包含了主要的家养花卉和农作物等。2023年最新长岛维管束植物资源普查，共记录到长岛自然分布和一些广泛栽培的常见园林绿化植物706种，（恩格勒系统，下同），其中包括蕨类植物9科10属15种，种子植物88科362属691种，种子植物中有裸子植物3科5属6种，被子植物85科357属685种。长岛植物区系的形成与起源较为复杂，按照吴征镒对中国种子植物区系地理成分的划分，中国植物的15个分布型（甚至热带成分、东亚成分和地中海成分）在保护区都有一定数量的分布。由于地处北温带，温带成分在保护区占有明显优势，约为41%，热带分布型也占很大比重，占36.5%，中国特有分布型有1.61%，其他各种分布型各有一定的比例。

1.8 动物资源

长岛保护区内共分布动物资源18门47纲185目676科2002种，其中，陆生动物2门5纲48目279科745属1091种，海洋动物18门44纲140目398科911种。

1.8.1 陆生动物资源

长岛保护区陆生野生动物共计1091种，隶属于2门5纲279科745属，其中，两栖纲1目3科4属5种、爬行纲3目4科6属7种、鸟纲21目71科188属370种、哺乳纲5目6科8属8种，昆虫纲18目196科541属702种。

长岛保护区的陆生野生脊索动物在地理区划上属于古北界华北区黄淮平原亚区山东半岛省与东北区长白山亚区辽东半岛省的交汇地带。鸟类以广布种和古北界种类为主，也有东洋界成分，带有明显的两界过渡特征。

从陆生脊椎动物区系成分来看，长岛保护区以古北型种类为主，其次为东北型（东北地区或附近地区）和全北型，其中，古北型和全北型共154种，占总种数的41.62%，体现了较明显的北方型特征，亦反映了地理分布由北方型向东北型的过渡性。高地型和华北型种类最少，仅为3种，为此种的分布型向该区域的伸展。此外，分布广泛难以确定的种类较多，占了总种数的11.08%，呈现了以北方种类为主、各类型物种混杂的局面。

根据《国家重点保护野生动物名录》（2021年），长岛保护区国家重点保护野生动物89种，全部为鸟类。其中，国家一级保护鸟类21种，包括青头潜鸭（*Aythya baeri*）、中华秋沙鸭（*Mergus squamatus*）、大鸨（*Otis tarda*）、白鹤（*Leucogeranus leucogeranus*）、丹顶鹤（*Grus japonensis*）、白枕鹤（*Antigone vipio*）、白头鹤（*Grus monacha*）、黑嘴鸥（*Saundersilarus saundersi*）、短尾信天翁（*Phoebastria albatrus*）、黑鹳（*Ciconia nigra*）、东方白鹳（*Ciconia boyciana*）、黑脸琵鹭（*Platalea minor*）、黄嘴白鹭（*Egretta eulophotes*）、秃鹫（*Aegypius monachus*）、乌雕（*Clanga clanga*）、草原雕（*Aquila nipalensis*）、白肩雕（*Aquila heliaca*）、金雕（*Aquila chrysaetos*）、白尾海雕（*Haliaeetus albicilla*）、猎隼（*Falco cherrug*）和黄胸鹀（*Emberiza aureola*）。

国家二级保护鸟类68种，包括鸿雁（*Anser cygnoides*）、白额雁（*Anser albifrons*）、疣鼻天鹅（*Cygnus olor*）、小天鹅（*Cygnus columbianus*）、大天鹅（*Cygnus cygnus*）等。

1.8.2 海洋动物资源

长岛海洋动物在中国海洋地理区划上属黄渤海动物区系，以冷温性和温水性种类占优势，部分冷水性种类向内湾渗透，暖水性种类向北洄游至本区，是冷暖性水生物交汇地带。

根据多次的海洋调查与相关资料记载，长岛保护区共有海洋动物911种，隶属于18门44纲140目398科。其中，物种数最多的4个类群分别为：节肢动物门（228种）、脊索动物门（218种）、软体动物门（177种）、环节动物门（171种）等，其余各动物门的种数均低于50种。

根据《国家重点保护野生动物名录》（2021年），长岛保护区有国家重点保护野生动物18种。其中，国家一级保护海洋动物6种，包括西太平洋斑海豹（*Phoca largha*）、小须鲸（*Balaenoptera acutorostrata*)、红海龟（*Caretta caretta*）、绿海龟（*Chelonia mydas*）、棱皮龟（*Dermochelys coriacea*）、鲥（*Tenualosa reevesii*）。国家二级保护海洋动物12种，包括东亚江豚（*Neophocaena sunameri*）、真海豚（*Delphinus delphis*）、虎鲸（*Orcinus orca*）、伪虎鲸（*Pseudorca crassidens*）、北海狗（*Callorhinus ursinus*）、北海狮（*Eumetopias jubatus*）、日本七鳃鳗（*Lampetra japonica*）、姥鲨（*Cetorhimus maximus*）、鲸鲨（*Rhincodon typus*）、莫氏海马（*Hippocampus mohniker*）、松江鲈（*Trachidermus fasciatus*）和青环海蛇（*Hydrophis cyanocinctus*）。

1.9 社区与土地利用情况

长岛保护区在行政区划上，隶属于山东省烟台市蓬莱区，范围内及周边涉及1街道（南长山街道）、1镇（砣矶镇）、6乡（北长山乡、黑山乡、大钦岛乡、小钦岛乡、南隍城乡、北隍城乡）和庙岛、小黑山2个保护发展服务中心，共40个行政村。保护区内共有1122户2844人。

长岛保护区由长山列岛（也称庙岛群岛）的32个岛屿组成，其中，10个最大的岛屿有人居住，其余岛屿无常驻居民。陆域面积为3546.97公顷，占保护区总面积的70.72%；海域面积为1468.23公顷，占保护区总面积的29.28%。保护区内的海域均为国有，陆域中大部分为集体所有。

根据第三次国土调查数据，陆域面积的3546.97公顷中，林地面积最大，为2478.87公顷，占69.89%；水域及水利设施面积次之，为274.66公顷，占陆域总面积的7.74%；工矿仓储用地面积最小，为20.12公顷，占陆域总面积的0.57%。

第 2 章　长岛鸟类资源

长岛保护区位于东亚—澳大利西亚和西太平洋候鸟迁徙路线上，是中国乃至世界的重要候鸟迁徙通道。其地理上北距辽宁省老铁山42.2千米，南距蓬莱7千米，南、北岛长度56.4千米，东、西岛宽度30.8千米，海岸线长146千米，在山东和辽宁之间形成一串海上"跳板"，每年大量候鸟循着这些南北排列的岛屿飞越渤海。长岛各岛屿高耸的山峰和崖壁，利于上升气流的形成，也为这些借助气流翱翔的鹰、隼类猛禽提供了飞越渤海的巨大助力，因此长岛成为国内最好的猛禽观测地点之一。此外，长岛保护区内的高山岛、车由岛、猴矶岛等无人岛屿，其垂直陡峭的崖壁也是海鸟的重要繁殖地。每年春季、夏季，大量的黑尾鸥（*Larus crassirostris*）、海鸬鹚（*Phalacrocoras pelagicus*）、绿背鸬鹚（*P. capillatus*）、黄嘴白鹭等海鸟在此繁殖。

为研究候鸟迁徙和保护鸟类资源，1984年原国家林业部在长岛批建了山东省长岛候鸟保护环志中心站。该站是中国第一批批建的两个鸟类环志站之一，以环志猛禽为主。1984年至今，长岛环志站连续开展了近40年的环志工作，每年开展野外环志时间在120天以上；其中，猛禽环志特色显著。

为全面总结长岛保护区鸟类资源状况，本章基于长岛保护区近40年的鸟类环志资料，以及2022年全国鸟类环志中心承担的《山东长岛国家级自然保护区鸟类专项调查监测》结果，进行总结。

2.1 长岛鸟类环志资源

1984—2022年，长岛共环志鸟类17目55科250种303895只（表2-1），其中，雀形目环志鸟种数与数量最多，为160种20万余只，猛禽（鹰形目、鸮形目和隼形目）环志鸟种数与数量次之，共环志29种9万余只，居全国猛禽环志数量之首，占山东猛禽分布种数（45种）的64.44%，占全国猛禽种数（99种）的29.29%。

长岛候鸟保护环志中心站环志数量排前10的鸟类为灰头鹀（*Emberiza spodocephala*）、小鹀（*Emberiza pusilla*）、日本松雀鹰（*Accipiter gularis*）、红角鸮（*Otus sunia*）、雀鹰（*Accipiter nisus*）、黄喉鹀（*Emberiza elegans*）、燕雀（*Fringilla montifringilla*）、田鹀（*Emberiza rustica*）、黄眉鹀（*Emberiza chrysophrys*）和红胁蓝尾鸲（*Tarsiger cyanurus*）。

1998年之前长岛候鸟保护环志中心站以猛禽为环志目标，主要捕获猛禽及其他体形较大的鸟类，如鸫科、黑枕黄鹂（*Oriolus chinensis*）、杜鹃、斑鸠、丘鹬（*Scolopax rusticola*）等；1998年之后，开始开展雀形目鸟类环志，环志数量逐渐增多（图2-1和图2-2）。1984—2022年共环志猛禽及其他大中型鸟类103种109894只，包括鹰形目14种、隼形目7种、鸮形目7种、鹃形目6种、夜鹰目1种、鸫科12种、黄鹂科1种以及其他非雀形目鸟类，每年环志数量差异较大（图2-3）。大部分猛禽如苍鹰（*Accipiter gentilis*）、雀鹰、日本松雀鹰、长耳鸮（*Asio otus*）、红角鸮以及北领角鸮（*Otus semitorques*）等的环志数量有下降的趋势（图2-3A和图2-3B）；鸫科［斑鸫（*Turdus eunomus*）、灰背鸫（*T. hortulorum*）和虎斑地鸫（*Zoothera aurea*）等］环志数量上升（图2-3C）。

1984—2022年间，共环志雀形目鸟类（除鸫科与黄鹂科）147种194003只；其中，1998—2022年环志190983只，占98.44%。5种环志数量最多的小型雀形目中，田鹀环志数量呈下降趋势，另外4种年际环志数量波动较大，其中燕雀和灰头鹀的年际波动显示出相反的趋势（图2-3D）。

表2-1　山东长岛环志各目鸟类种数、数量以及多样性

目	鸟种数（种）	数量（只）	多样性指数	均匀度指数	优势度指数
雀形目 Passeriformes	160	207464	2.95	0.24	0.09
鹰形目 Accipitriformes	14	51431	1.00	0.09	0.43
鸮形目 Strigiformes	8	33083	0.70	0.07	0.66
鸻形目 Charadriiformes	14	3491	0.83	0.10	0.48
鹈形目 Pelecaniformes	12	137	1.61	0.33	0.33
鹤形目 Gruiformes	7	105	1.36	0.29	0.35
隼形目 Falconiformes	7	639	1.25	0.19	0.35
鸽形目 Columbiformes	6	3856	0.04	0.00	0.99
鹃形目 Cuculiformes	6	2457	1.33	0.17	0.33
雁形目 Anseriformes	3	5	0.95	0.59	0.44
夜鹰目 Caprimulgiformes	3	930	0.07	0.01	0.98
佛法僧目 Coraciiformes	3	87	0.67	0.15	0.59
鹱形目 Procellariiformes	2	5	0.67	0.42	0.52
啄木鸟目 Piciformes	2	12	0.29	0.12	0.85
鸡形目 Galliformes	1	163	0.00	0.00	1.00
䴙䴘目 Podicipediformes	1	1	0.00	0.00	1.00
犀鸟目 Bucerotiformes	1	29	0.00	0.00	1.00

图2-1　1984—2022年间长岛保护区每年环志的鸟种数与个体数

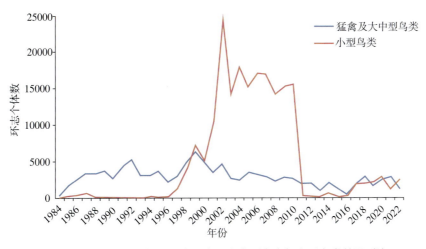

图2-2　长岛保护区每年环志猛禽及大中型鸟类与小型鸟类数量对比

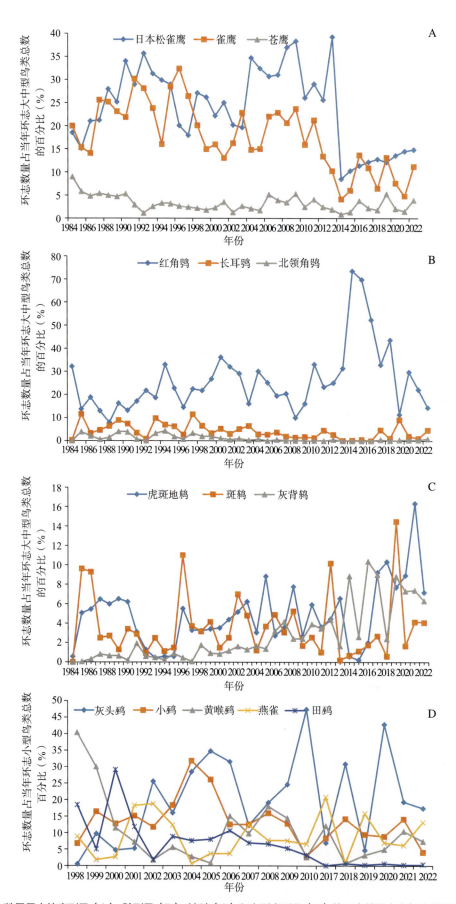

图2-3 环志数量最大的鹰形目（A）、鸮形目（B）、鸠科（C）和小型雀形目（D）的环志数量占当年该类群环志总数的百分比

环志鸟种中，按生态类型划分，有鸣禽160种、涉禽33种、猛禽29种、攀禽15种、陆禽7种、游禽6种（图2-4）。其中，国家一级保护野生动物3种（占1.20%），分别为黄嘴白鹭、猎隼以及黄胸鹀；国家二级保护野生动物45种（占18.00%），山东省保护物种23种，中国特有种9种。黄胸鹀被IUCN红色名录以及《中国生物多样性红色名录》列入极危（CR）物种，猎隼被列入濒危（EN）物种，黄嘴白鹭、花田鸡（*Coturnicops exquisitus*）、田鹀和仙八色鸫(*Pitta nympha*) 4种鸟被列入易危（VU）物种，鹌鹑（*Coturnix japonica*）、蛎鹬（*Haematopus ostralegus*）、白额鹱（*Calonectris leucomelas*）和黑叉尾雨燕（*Hydrobate smonorhis*）4种鸟被列为近危（NT）物种。游隼（*Falco peregrinus*）、燕隼（*F. subbuteo*）、红脚隼（*F. amurensis*）、灰背隼（*F. columbarius*）、黄爪隼（*F. naumanni*）、猎隼以及仙八色鸫被列入CITES附录Ⅰ。列入中俄、中澳、中韩、中日和中新候鸟保护协定名录的鸟类分别有181种、19种、162种、105种、3种。

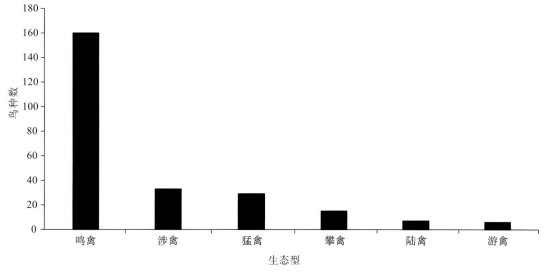

图2-4 各生态型鸟种数

2.2 鸟类资源专项调查

2022—2023年全国鸟类环志中心完成了长岛保护区春、夏、秋、冬4个季节的鸟类调查，共记录到鸟类106种34143只。其中，国家一级保护野生鸟类2种，即东方白鹳和黄嘴白鹭；国家二级保护野生鸟类22种；IUCN濒危（EN）等级1种（东方白鹳），易危（VU）等级2种（黄嘴白鹭、田鹀）。发现鸟类新记录2种，分别是斑脸海番鸭（*Melanitta stejnegeri*）（2023年4月记录于北隍城岛）和噪鹃（2023年6月记录于大黑山岛）。

春秋季因候鸟过境，鸟类种数较多，分别为69种和70种，其中，陆域样线记录的鸟类较多，分别为61种和66种。从调查个体数看，春夏季海鸟开始大批来到无人岛繁殖，个体数较多，分别为13324只和14559只（图2-5）。记录的106种鸟类中，通过林鸟多样性调查记录到71种，通过海鸟多样性调查记录到11种，通过水鸟多样性调查记录到11种，通过过境猛禽多样性调查记录到13种。

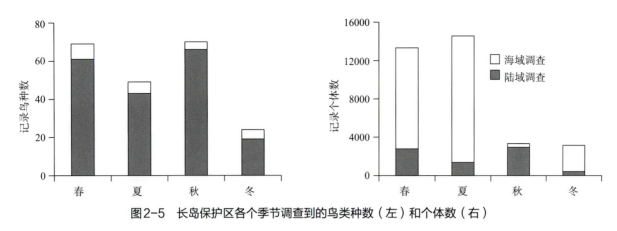

图2-5　长岛保护区各个季节调查到的鸟类种数（左）和个体数（右）

2.2.1 林鸟多样性调查

四次林鸟调查中，记录到数量最多的留鸟种类是麻雀（*Passer montanus*）、白头鹎（*Pycnonotus sinensis*）和大山雀（*Parus minor*），记录数量最多的候鸟种类是燕雀、黄腰柳莺（*Phylloscopus proregulus*）和白腰雨燕（*Apus pacificus*）。各季节调查到的鸟类组成见图2-6。

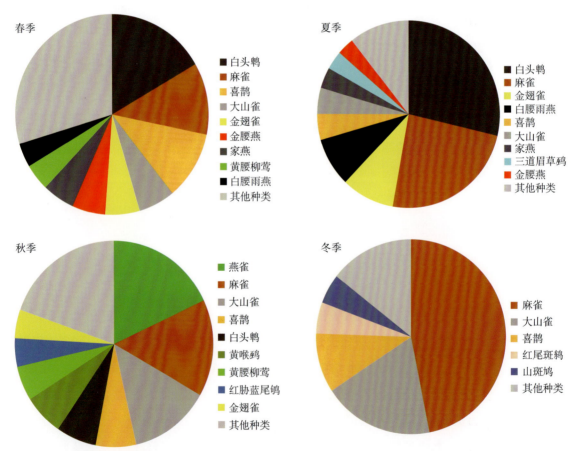

图2-6　长岛保护区春季（4月）、夏季（6月）、秋季（10月）、冬季（2月）林鸟调查到的鸟类数量组成

秋季，每条样线平均记录到的林鸟种类和数量最多，其次是春季；不过春季记录到的鸟类多样性高于秋季。针阔混交林在春、夏和秋都是记录鸟类种类和数量最多的生境类型，在冬季记录的鸟种则不如针叶林；针阔混交林记录到的鸟类多样性也高于其他两种生境（图2-7）。综合各生境类型记录的

鸟类种类、数量和多样性可知，针阔混交林是长岛最适宜鸟类生存的生境；另外两种主要的生境类型中，疏林和灌丛在夏季对鸟类更为适宜，而针叶林在秋冬季对鸟类更为适宜。

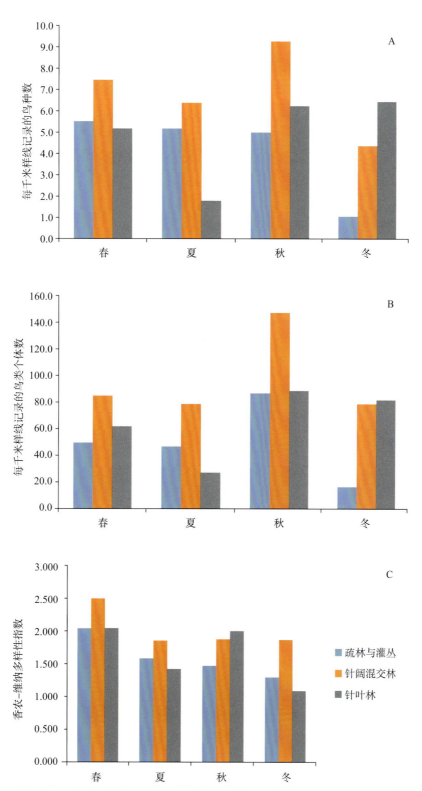

图2-7 长岛保护区各个季节、各个生境类型中每条样线的平均鸟种数（A）、平均鸟类个体数（B）和平均鸟类多样性指数（C，采用香农-维纳多样性指数）

夏季是鸟类的繁殖季，大部分候鸟已过境，此时记录到的主要是在长岛保护区繁殖的鸟类，对生境的要求显著高于过境候鸟；所以，此时各地鸟类的多样性最能反映当地的环境状况。将长岛保护区按各岛的地理位置、自然环境及社会经济情况，分为三个区域，即主岛（南长山岛、北长山岛），西三岛（大黑山岛、小黑山岛、庙岛），北五岛（北隍城岛、南隍城岛、小钦岛、大钦岛、砣矶岛），比较夏季调查时这三个区域的样线上记录到的鸟类多样性情况（图2-8）。结果表明，西三岛无论鸟种数、个体数还是多样性指数，都优于其他两个区域，这可能缘于西三岛的生境类型多样，阔叶树、灌丛、草地和农田都较多，单一的松树林较少；北五岛的夏季鸟类多样性则较低，这可能由于北五岛的生境类型过于单一，以松树林为主，因此鸟类种类和数量都较少。

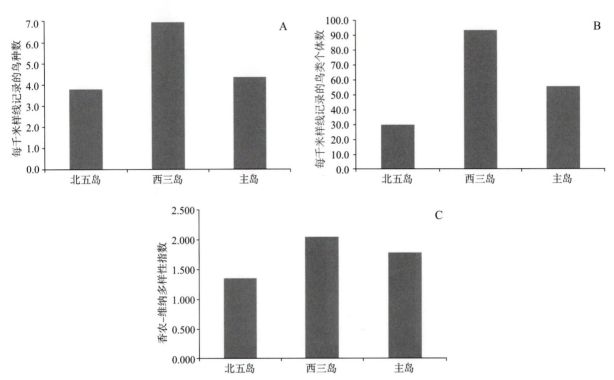

图2-8　长岛保护区夏季各个区域每条样线记录到的平均鸟种数（A）、平均鸟类个体数（B）和平均鸟类多样性指数（C，采用香农-维纳多样性指数）

2.2.2　海鸟多样性调查

调查记录到的海鸟共10种，包括3种海生鸭类［红胸秋沙鸭（*Mergus serrator*）、斑脸海番鸭、翘鼻麻鸭（*Tadorna tadorna*）］，2种鸥类［黑尾鸥（*Larus crassirostris*）、西伯利亚银鸥］，1种海岸繁殖的鹬类（蛎鹬），3种鸬鹚［海鸬鹚、绿背鸬鹚和普通鸬鹚（*Phalacrocorax carbo*）］和1种海岛繁殖的鹭类（黄嘴白鹭）。其中，黑尾鸥、海鸬鹚、绿背鸬鹚和黄嘴白鹭只在春夏季于高山岛、车由岛、猴矶岛等无人海岛繁殖，秋冬季则离开海岛。

常规样线和样点在冬季记录的海鸟个体数最多，因为此时黑尾鸥已结束繁殖，来到有人居住的海岛附近，捡食码头垃圾或跟随船只觅食；此外，红胸秋沙鸭等滨海水鸟和西伯利亚银鸥等越冬海鸟也到达长岛海域（图2-9）。

除秋季外，黑尾鸥都是记录数量最多的海鸟（图2-10），尤其春夏季，大量黑尾鸥迁来长岛保护区的几座远海无人岛繁殖；2023年6月调查时，在车由岛记录到黑尾鸥成鸟4800余只，在高山岛记录到黑尾鸥成鸟6700余只，在猴矶岛记录到黑尾鸥成鸟1200余只，并且各岛的黑尾鸥都已繁殖出雏鸟，每巢1~2只雏鸟。西伯利亚银鸥在长岛则为冬候鸟，数量较少，2023年2月调查仅记录到61只。三种鸬鹚中，普通鸬鹚为长岛的冬候鸟，在秋冬季活跃于海产养殖区，并集中停息于各岛沿岸的海中礁石，

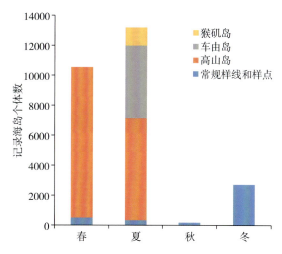

图2-9　长岛保护区各个季节调查到的海鸟个体数

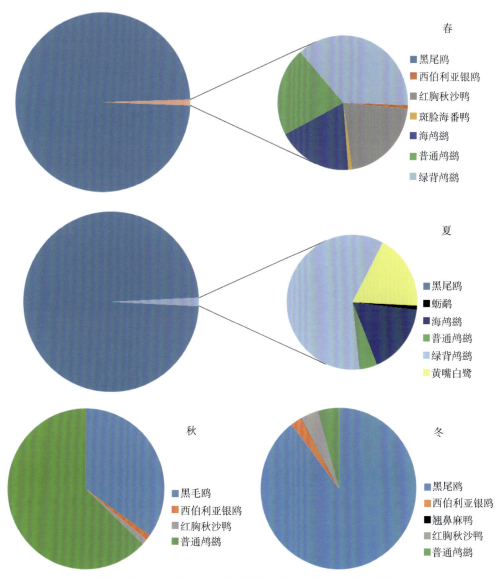

图2-10　长岛保护区各季节记录到的各种海鸟个体数的比例

以及犁犋把岛等近岸无人岛的沿岸峭壁，2023年2月共记录到122只，但夏季则数量很少，且没有记录到繁殖个体；绿背鸬鹚和海鸬鹚则为夏候鸟，繁殖于高山岛、车由岛和猴矶岛三座有高耸峭壁的无人岛，在海产养殖区觅食和停息，但在冬季没有记录，且长岛的绿背鸬鹚数量多于海鸬鹚。2022年6月调查时，记录到绿背鸬鹚119只，海鸬鹚34只；其中，绿背鸬鹚主要集中在高山岛，而海鸬鹚没有像绿背鸬鹚那样聚群繁殖，而是分散到各个无人岛。黄嘴白鹭仅在夏季繁殖于高山岛沿岸有树丛生长的峭壁底部，并在整个长岛保护区范围内活动，甚至在接近市区的北长山岛西岸都记录到黄嘴白鹭在海边的木排上停息；2023年6月共记录到36只黄嘴白鹭。蛎鹬则在夏季成对出没于各岛的多石海岸并在此繁殖。三种海生鸭类都是冬候鸟，其中红胸秋沙鸭是长岛海域冬季的优势鸟种，2023年2月调查共记录到100只个体；成对或结小群活动于海产养殖区，仅在大风天气时会贴近岸边活动，以躲避风浪。

2.2.3 水鸟多样性调查

长岛保护区内适宜水鸟栖息的湿地和池塘很少，因此记录到的水鸟也很少。大部分水鸟集中于南长山岛的水域面积达4公顷的王沟水库；此外北隍城岛、大黑山岛的小水池也记录到少数水鸟。秋季记录水鸟数量最多（图2-11），主要是此时过境候鸟较多，有些会在各水池中短暂停息，有些则会直接从海面飞过。普通秋沙鸭（*Mergus merganser*）在长岛为冬候鸟，冬季记录到一群8只栖息于王沟水库。夏季仅在王沟水库记录到少量黑水鸡（*Gallinula chloropus*）、小䴙䴘（*Tachybaptus ruficollis*）、斑嘴鸭（*Anas zonorhyncha*）和池鹭（*Ardeola bacchus*），并在砣矶岛记录到4只池鹭飞过。综合全年的记录，斑嘴鸭、绿头鸭（*Anas platyrhynchos*）和白骨顶（*Fulica atra*），是记录数量最多的三种水鸟。

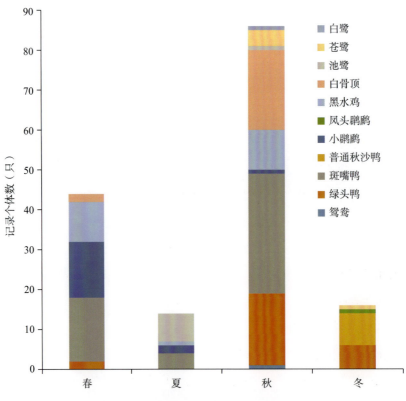

图2-11　长岛保护区各季节记录到的水鸟数量

2.2.4 过境猛禽多样性调查

本调查共在长岛记录到12种鹰形目猛禽和3种隼形目猛禽，其中，游隼全年可见，且夏季在保护区见到繁殖巢及当年幼鸟，因此可确定在长岛保护区为留鸟；赤腹鹰（*Accipiter soloensis*）仅记录于夏季，且见到的4只赤腹鹰全都处于在林中低空飞行觅食的状态，并未表现出如其他过境猛禽那样的方向明确固定的高空飞行状态，因此推测赤腹鹰在长岛保护区为夏候鸟。除此2种外，其余13种猛禽都推断仅在迁徙季于长岛过境（图2-12）。

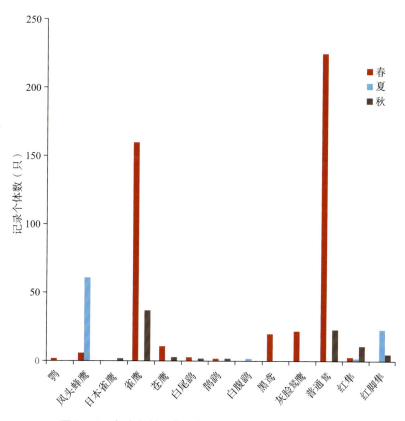

图2-12 长岛保护区各季节记录到的迁徙过境猛禽数量

长岛保护区迁徙过境的猛禽中，普通鵟（*Buteo japonicus*）的数量最多，春季在7个海岛都有集群过境的个体，其中，2023年4月23日中午在位于北隍城岛最高峰的观测点，记录到125只个体绕着该岛山顶盘旋，之后借助上升气流北飞；此外，4月在大钦岛和南长山岛各记录到一次31只普通鵟的集群迁徙。相比于普通鵟，灰脸鵟鹰（*Butastur indicus*）和凤头蜂鹰（*Pernis ptilorhynchus*）这两种同样集群迁徙的猛禽，记录数则较少。灰脸鵟鹰最大群体仅包含8只个体（于2023年4月23日上午记录于大钦岛）；凤头蜂鹰最大群体仅包含25只个体（于2023年6月7日上午记录于大钦岛），第二大群体包含21只个体（于2023年6月8日上午记录于砣矶岛）。但这两种猛禽之所以记录数量少，是因为野外调查时未赶上其迁徙高峰。包括长岛在内的中国华北东部地区，每年春秋季的猛禽迁徙共3个数量高峰。春季时的3个高峰依次由灰脸鵟鹰（4月上旬）、普通鵟（4月中旬）和凤头蜂鹰（5月上旬）构成，秋季迁徙时三种猛禽的过境高峰时间则与春季相反，凤头蜂鹰的过境高峰在9月下旬，10月中下旬开始依次是普通鵟和灰脸鵟鹰的过境高峰。本次春季调查时间在4月中下旬，与普通鵟的过境高峰重合，但此时灰脸鵟鹰过境已接近尾声，因此记录数很少；本次夏季调查时间在6月上旬，大部分猛禽已结束迁徙，到达夏季繁殖地，因此仅记录到北迁时间最晚的凤头蜂鹰过境。整个6月上旬的调查，共记录到61只凤头蜂鹰。此外，还共记录到23只红脚隼，包括2023年6月7日下午在北隍城岛记录到的一群20只集群迁徙的个体；当时这群红脚隼与一群13只的凤头蜂鹰一起绕北隍城岛最高峰盘旋。虽然凤头蜂鹰和红脚隼是每年春季迁徙时间最晚的两种猛禽，但在6月上旬记录到数量如此之大的迁徙个体，仍属罕见。

此外，本调查在春季和秋季还分别记录到160只和37只雀鹰，雀鹰的春季迁徙高峰与普通鵟基本重合，因此春季记录的雀鹰数量较多，其中，2023年4月23日在北隍城岛记录到一群75只雀鹰。苍鹰在春季和秋季仅分别记录到11只和3只，但这是因为调查时间并未与苍鹰迁徙高峰时间重合。春季调查时还记录到几次黑鸢（*Milvus migrans*）集群，其中2023年4月23日下午在北隍城岛记录到一群12只黑鸢，2023年4月22日傍晚在小钦岛记录到一群4只黑鸢，都在绕岛盘旋。鹗（*Pandion haliaetus*）共记录到2次，都在4月调查时，分别记录于大钦岛和北长山岛。

长岛保护区的猛禽环志工作主要在大黑山岛开展；并且主要在秋季开展，因为秋季猛禽迁徙数量大于春季。本次调查，笔者发现北隍城岛北部山顶和大钦岛北岸的大顶旺，是两个绝佳的春季迁徙猛禽观测点。北隍城岛是长岛保护区位置最靠北的岛屿，而该岛的北部正好有一高耸山脊，因此春季北上的猛禽，在经过长岛保护区南侧的岛链到达此地时，都会绕着这条山脊盘旋，寻找上升气流，以便升到足够高度后再往北飞越海湾，所以会在这里停留较长时间；而且由于该岛特殊的地理位置，飞经南部各岛的猛禽，最终都会汇集到北隍城岛的这片山脊。因此，春季在这里监测猛禽，可以较全面地监测飞越整个长岛保护区的猛禽。而大钦岛的大顶旺，也是位于该岛北岸的高耸山峰，从长岛南部飞越大钦水道北上的猛禽，也都会汇集在这里，绕山峰盘旋寻找上升气流。日后可以考虑在这两个地点设立春季迁徙猛禽的长期观测点。

2.2.5　长岛鸟类群落特征

长岛保护区因其特殊的海岛生境和地理位置，其鸟类群落具有一定的特殊性，主要体现在以下几点。

（1）夏候鸟种类较少。长岛保护区植被以松树林为主，阔叶林很少，植被较为单一，缺乏湿地和其他水源点，而且各岛面积不大，因此在此繁殖的夏候鸟很少；但其中包括了山鹡鸰（*Dendronanthus indicus*）、远东树莺（*Horornis canturians*）、中华攀雀（*Remiz consobrinus*）、黑枕黄鹂等较有特色的鸟类。尤其6月调查时，观察到雄性中华攀雀在大黑山岛的田边筑巢和求偶鸣唱，还在阔叶林中观察到山鹡鸰的占域和驱赶行为，可确定这两种鸟在长岛繁殖。

（2）冬候鸟种类和数量较少。长岛保护区冬季缺乏食物和水源，且气候恶劣。最具特色的是栗耳短脚鹎（*Hypsipetes amaurotis*），主要在日本和朝鲜半岛繁殖，越冬于中国东北地区及东部沿海，是中国少见的冬候鸟，但在长岛保护区的冬季相对常见，甚至南长山岛市区的绿化带都可见到。但长岛保护区冬季的鸟类总体数量不多。

（3）春秋季迁徙过境的旅鸟较多。由于长岛保护区地处飞越渤海的最短路径上，因此迁徙季节会有大量鸟类过境。

（4）留鸟种类较少。其中较有特色的是三道眉草鹀（*Emberiza cioides*），是唯一全年都可在岛上见到的鹀类，主要栖息在高草地和疏林生境。

（5）海鸟数量较大，且无论繁殖海鸟还是越冬海鸟都较有特色，是中国极少数的海鸬鹚和绿背鸬鹚的繁殖地之一，还有大量的海生鸭类越冬；但缺乏鹱、海燕、海雀等远洋种类。

（6）游隼为各岛的常驻猛禽。本调查各个季节在大部分岛屿都记录到游隼（北长山岛、南长山岛、大黑山岛、小黑山岛、砣矶岛、大钦岛、车由岛、高山岛），并且每个岛最多只会记录到一个家庭。其中2023年6月中旬在车由岛记录的游隼家庭包含一对成鸟和1只当年幼鸟，在岛顶营巢，并对登岛的调查人员进行驱赶；在岛顶还可见到被它们捕杀的黑枕黄鹂、黑水鸡等鸟类的残骸。6月上旬在南长山岛也见到游隼站在山顶信号塔顶发出索食的叫声。2022年10月在大黑山岛见到一对游隼在岛上空长时间盘旋，并展示出占域行为，驱逐迁徙路过的普通鵟，另一对游隼在砣矶岛北端崖壁停留并不时俯冲沿海面迁徙路过的鸟群。因此，推测游隼在长岛保护区为留鸟，并且每个家庭占据一座岛作为领地范围。长岛以海蚀地貌为主，岛四周多悬崖峭壁，是游隼最喜好的营巢地点，因此游隼在保护区各岛都有分布。

（7）蓝矶鸫（*Monticola solitarius*）繁殖数量较多。长岛保护区各岛多高耸的裸岩峭壁，有大量适宜蓝矶鸫繁殖的地点，因此夏季繁殖的蓝矶鸫数量较多，各岛沿岸（包括高山岛、车由岛、犁犋把岛等无人小岛）都有记录，6月调查时共记录到26只蓝矶鸫成鸟。其中6月上旬在南长山岛记录到2个蓝矶鸫家庭在沿岸峭壁比邻而居，每个家庭包含2只成鸟和2只幼鸟；在该岛另一处海岸见到雌鸟叼虫回巢育幼。

（8）山雀科种类组成特殊。华北地区常见的沼泽山雀（*Poecile palustris*）和褐头山雀（*P. montanus*），长岛非常罕见；但华北并不常见的煤山雀（*Periparus ater*），在长岛的秋、冬、春三季却较常见，这可能是因为煤山雀是中国山雀科中最擅长取食松果和最依赖松树林生境的种类之一，而长岛广泛分布的松树林为煤山雀提供了广泛的栖息地。此外，在10月调查时，还在北隍城岛记录到更为罕见的杂色山雀（*Sittiparus varius*）。

（9）鸦科种类匮乏。虽然喜鹊（*Pica serica*）是长岛保护区的优势种，但其他鸦科，包括华北常见的灰喜鹊（*Cyanopica cyanus*）和大嘴乌鸦（*Corvus macrorhynchos*），在长岛都极其罕见。

（10）啄木鸟近乎缺失。长岛以往的名录中有棕腹啄木鸟（*Dendrocopos hyperythrus*），这是中国少数具有迁徙习性的啄木鸟之一，但本次野外调查没有发现；此外，长岛早期的环志记录中也环志过1次灰头绿啄木鸟（*Picus canus*）。虽然长岛林地分布较广，但啄木鸟目中在长岛记录较多的只有不啄木的蚁䴕（*Jynx torquilla*）。

（11）椋鸟科非常罕见。在大陆常见的椋鸟科，在长岛保护区同样匮乏；调查期间仅在4月于大黑山岛记录到12只丝光椋鸟（*Spodiopsar sericeus*），10月于大黑山岛记录到1只紫翅椋鸟（*Sturnus vulgaris*）的尸体。

2.3 长岛鸟类名录

根据2022—2023年为期一年的野外调查数据，参考《山东长岛国家级自然保护区总体规划（2023—2032年）》列举的369种鸟类、长岛环志站1984—2022年的环志数据、长岛及周边地区的观鸟记录，以及于国祥等（2022）整理的长岛鸟类多样性名录（346种），并参照郑光美2023年《中国鸟类分类与分布名录（第四版）》的最新分类结果，首次全面厘定长岛保护区鸟类名录，包括21目71科370种（附表1）。

相比于《山东长岛国家级自然保护区总体规划（2023—2032年）》中的369种鸟类，共删除13种，增加14种，另外根据最新分类结果，更换9种。

其中，删除的物种有环颈雉（Phasianus colchicus）、棕腹鹰鹃（Hierococcyx nisicolor）、剑鸻（Charadrius hiaticula）、姬鹬（Lymnocryptes minimus）、林沙锥（Gallinago nemoricola）、草原鹞（Circus macrourus）、乌灰鹞（C. pygargus）、灰伯劳（Lanius borealis）、芦莺（Acrocephalus scirpaceus）、红胸姬鹟（Ficedula parva）、草地鹨（Anthus pratensis）、东方田鹨（A. rufulus）以及极北朱顶雀（Acanthis hornemanni）。其删除原因为：因一年的野外调查，在所有适宜生境中都未记录到环颈雉的叫声和痕迹，对保护区人员的访谈结果也显示长岛没有环颈雉分布，故删除环颈雉；而其余12种鸟类均偏离了正常分布区，且没有可靠的观察和环志记录，且棕腹鹰鹃、剑鸻、姬鹬、灰伯劳、东方田鹨、极北朱顶雀可能存在同物异名的情况，故删除。

增加的物种有短嘴豆雁（Anser serrirostris）、斑脸海番鸭、噪鹃、长尾山椒鸟（Pericrocotus ethologus）、半蹼鹬（Limnodromus semipalmatus）、阔嘴鹬（Calidris falcinellus）、黑叉尾海燕（Hydrobates monorhis）、凤头鹰（Accipiter trivirgatus）、灰头绿啄木鸟、棕腹柳莺（Phylloscopus subaffinis）、黑眉柳莺（P. ricketti）、乌灰鸫（Turdus cardis）、灰头鸫（T. rubrocanus）、黄腹鹨（Anthus rubescens）。其原因：为短嘴豆雁原作为豆雁（Anser fabalis）的亚种，现提升为种；斑脸海番鸭与噪鹃为2023年调查新记录；而其余11种为有环志记录的鸟类。

9种鸟类因分类变动和亚种独立而发生变动，原名录中的红胸鸻（Charadrius asiaticus）改为东方鸻（C. veredus），领角鸮（Otus lettia）改为北领角鸮（O. semitorques），鹰鸮（Ninox scutulata）改为日本鹰鸮（N. japonica），蓝翅八色鸫（Pitta moluccensis）改为仙八色鸫（P. nympha），细嘴短趾百灵（Calandrella acutirostris）改为中华短趾百灵（C. dukhunensis），稻田苇莺（Acrocephalus agricola）改为钝翅苇莺（A. concinens），中华短翅蝗莺（Locustella tacsanowskia）改为北短翅蝗莺（L. davidi），暗绿柳莺（Phylloscopus trochiloides）改为双斑绿柳莺（P. plumbeitarsus），短翅树莺（Horornis diphone）改为远东树莺（H. canturians）。

第3章　长岛鸟类生态型与识别要点

3.1 鸟类的生态型

3.1.1 生态型

不同的鸟种生活在不同的生态环境中。根据环境信息，可粗略地将鸟类分为两大类：生活在森林、草原等生态环境中的林鸟和生活在湿地环境中的水鸟。

依据行为与环境的关系，可更进一步将鸟类分为不同的六类生态型。

游禽：

生活在宽阔水域，如水库、河流、湖泊等生境；以水中的鱼类、水草等为食，嘴形有的尖直、有的宽扁，以便于与相应的食物对应；脚短，靠体后趾间有蹼，拙于行走而善于游水或潜水，如雁鸭、潜鸟、䴙䴘、鸥类、鸬鹚等。长岛记录到的游禽有鸳鸯、斑嘴鸭、红胸秋沙鸭、斑脸海番鸭、小䴙䴘、凤头䴙䴘、黑尾鸥等。

涉禽：

生活在浅水水域，如滩涂、沼泽、池塘、水渠等生境；以泥中的蟹、贝、蠕虫及底栖生物为食，一般腿长，颈、脚和趾都很长，适于浅水中涉水、觅食，有的趾间有半蹼，可在水中游泳，如鹤、鹳、鹭、鹬、鸻、秧鸡等。长岛记录到的涉禽有东方白鹳、蛎鹬、黑水鸡、白腰杓鹬等。

攀禽：

生活在树林间，多在枝干、藤蔓或崖壁等垂直立面活动；脚趾的两趾向前两趾向后，适于攀援和抓握，如啄木鸟、杜鹃、夜鹰、戴胜、翠鸟、雨燕等。长岛记录到的攀禽有普通翠鸟、戴胜、噪鹃等。

猛禽：

以动物为食的捕食性鸟类，因食物不同而生活在多种生境中；一般嘴尖利，爪强健有力并带钩，体大凶猛。分为夜行性猛禽［如鸮类（猫头鹰）］和日行性的猛禽（如鹰、雕、隼、鹞等）。长岛猛禽主要有日本松雀鹰、雀鹰、普通鵟、红角鸮、游隼、凤头蜂鹰等。

陆禽：

主要在地面活动、觅食，以谷类、昆虫等为食；翅短圆，后肢强劲，善奔走，喙弓形。分为雉类、鸠鸽类两类。雉类多在地面生活，飞翔能力较弱，仅能短距离飞行；鸠鸽类善于飞翔，栖息于树木间，在地面觅食。长岛有记录的陆禽有鹌鹑、岩鸽、山斑鸠、珠颈斑鸠等。

鸣禽：

生活在林院、村庄、农田、树林等多种生境，食性杂，包括昆虫、种子及杂食；脚三趾向前一趾向后，以适于地面行走及抓握树枝。多数善于鸣叫，如喜鹊、椋鸟、山雀、鹟等。长岛记录的鸣禽有杂色山雀、麻雀、喜鹊、栗耳短脚鹎等。

3.1.2　鸟类类群

类群是个相对性概念，根据研究者对规律的认识可划分成不同层次。在生态型的基础上，根据鸟种形态与环境的相似性，可将鸟类划分为不同的类群，如水鸟可进一步划分为䴙䴘类（所有䴙䴘）、鹳鹤类（鹳和鹤）、鸥类（所有鸥科）、燕鸥类（所有燕鸥科）、鹭类（鹭、鳽）、雁鸭类（雁、鸭）、秧鸡类（秧鸡科鸟类）、鸻鹬类（鸻形目鸟类）、琵鹭类、天鹅类等；猛禽类可分为夜行性猛禽（鸮形目）和昼行性猛禽（隼形目和鹰形目），昼行性猛禽又可进一步划分成雕、鹰、隼、鹞、鸮、鸢、鹭等类群。

划分类群的好处是可进一步寻找不同鸟类间的共性，总结共有的规律或区分共性之中的差异，如：同一水域中可能会观察到雁鸭类、鸥类、鹭类或鹬类，不同类型共用同一湿地，但它们又在形态、行为、食物等方面存在差异，对这些现象的思索有益于我们获取丰富的生态学信息，并在鸟类保护方面提供有价值的探索。

3.1.3　鸟类与环境

长期的生物进化使鸟类的形态、行为与它们的生活环境相适应，而鸟类的生活环境也会影响到鸟类的形态、行为，两者间的相互作用揭示了有趣的自然密码——鸟类与环境的关系。鸟类的形态、行为暗示了对环境的需求，而环境的营造也可预测着鸟类组成的变化，这种对应关系对保护鸟类多样性非常有益。

鸟类对环境的需要主要为食物、水、隐蔽物及人为干扰四大要素，这些要素的组成及其空间结构成为鸟类生存的基础。其中，食物、水保证了鸟类新陈代谢的基本生存需要，隐蔽物及人为干扰影响了鸟类生存的空间及心理需要。鸟类的喙形、脚形与食物紧密相关，是生物进化与生态适应相互作用的结果，这种关联也揭示了鸟类对环境的需求。

单一的环境中出现的鸟类种类相对单一，原因是这种生境不能满足多种鸟种生存的基本要求。多种生境的交错地带鸟种可能会更多，如在单一的森林中鸟类的组成可能不会丰富，而在草地、农田与树林的交错带，鸟种比单一的农田或树林会更多；同时，环境的面积要适宜，要预留必要的缓冲带，避免人为活动带来的干扰，以便为鸟类提供安全的心理空间。空间结构的优化对鸟类也有吸引力，灌木、乔木搭配，夜宿地、觅食地优化结合，水源地临近活动区等措施也是营造鸟类优良生境值得思索的问题。

在观鸟过程中，了解并思索这种有趣的相互关系，会给我们带来些意外的生态学知识，体验大自然的神奇魅力，感叹丰富的生物多样性。同时，这种关注对我们树立良好的生态价值观有重要启发，它让我们了解自然、关注生态、保护鸟类成为行为自觉，成为我们观鸟活动的行为准则。

3.2 鸟类居留型

本书根据野外调查数据，以及环志数据和观鸟记录，并参考在渤海湾另一端，与长岛位于同一条迁徙通道上的辽宁旅顺老铁山的观鸟记录，确定鸟类在长岛的居留型，根据是否迁徙和迁徙习性的不同，分为留鸟、夏候鸟、冬候鸟、旅鸟和迷鸟5种类型。

留鸟（resident）

留鸟指终年栖息于长岛，春秋不进行长距离迁徙的鸟类，如麻雀、喜鹊、白头鹎、黑尾鸥、游隼等。

夏候鸟（summer visitor）

夏候鸟指夏季在长岛繁殖，秋季离开到南方较温暖地区过冬，翌春季又迁徙来长岛繁殖的鸟类，如蛎鹬、噪鹃、海鸬鹚、绿背鸬鹚、黄嘴白鹭等。

冬候鸟（winter visitor）

冬候鸟指冬季在长岛越冬，翌年春季向北方繁殖区迁徙，至秋季又飞临长岛越冬的鸟类，如普通鸬鹚、红胸秋沙鸭、黄雀、太平鸟、小太平鸟等。

旅鸟（traveler）

旅鸟指春秋迁徙时途经长岛，不在长岛繁殖或越冬，不停留或仅有短暂停留的鸟类，如田鹀、红胁蓝尾鸲、三道眉草鹀、北红尾鸲等。

迷鸟（straggler bird）

迷鸟指在迁徙过程中，由于狂风或其他气候因子骤变，使其迁徙时偏离正常路线而到长岛栖息的鸟类，以及远离主要分布区出现在长岛的鸟类，包括偶见种，如长岛记录到的铜蓝鹟、灰树鹊。

3.3 鸟种识别要点

3.3.1 鸟类的身体结构部位

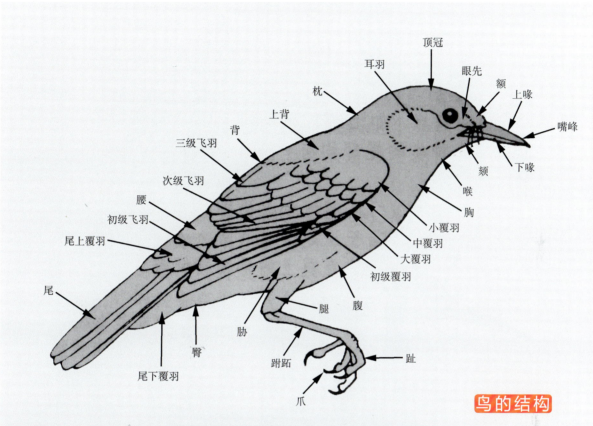

鸟的结构

根据《中国鸟类野外手册》（约翰·马敬能，2020）修改绘制

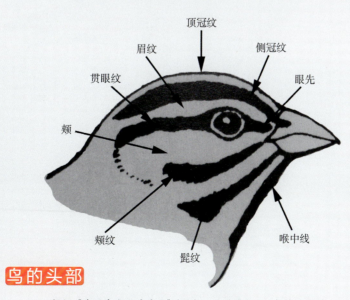

鸟的头部

根据《中国鸟类野外手册》（约翰·马敬能，2020）修改绘制

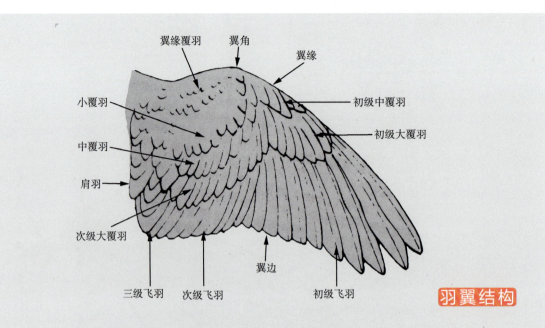

羽翼结构

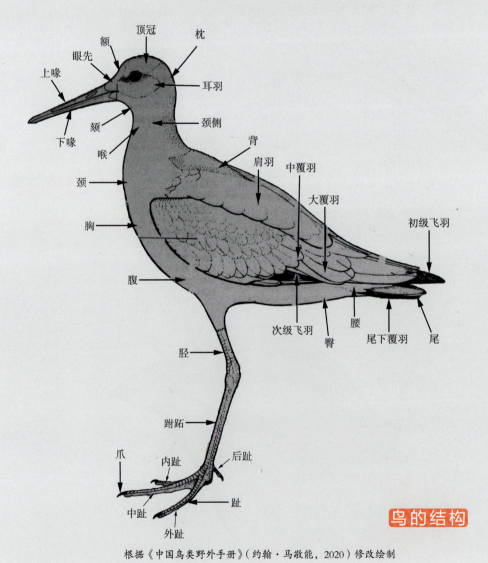

鸟的结构

根据《中国鸟类野外手册》（约翰·马敬能，2020）修改绘制

3.3.2 形态描述术语

(一) 头部 (Head)

头部 (head): 包括前额、顶冠、枕部和头侧的总称,但不包括颏和喉。

脸部 (face): 眼先、眼区、颊和颧区的总称。

额 (forehead): 与上喙基部相连接的头的最前部。

顶冠纹 (crown): 也叫头顶,是鸟的头顶部位。

枕 (occiput): 或称后头 (hindhead),为头的最后部。

冠文 (coronary stripe): 头顶中央的纵纹。

冠羽 (crest): 头顶上伸出的长羽,常成簇后伸。

枕冠 (occipital crest): 枕部伸出的成簇长羽。

顶部 (cap): 常用来指额、头顶、后头前部直到眉纹以上的一大块区域。

围眼部 (circum-orbital region): 眼周围区域,有时为裸皮。

颊 (cheek): 指眼下的颧部区后方,或指耳覆羽,或指此二区的联合。

耳羽 (auriculars): 外耳孔周围的羽毛。

眼先 (lores): 眼睛和嘴之间的裸露区域。

眼圈 (eye ring): 眼周的羽毛,通常是浅色的。

眉纹 (supercilium): 鸟类眼眶上面的羽毛跟周围羽毛颜色不同而形成的条状纹。

过眼纹 (transocular stripe): 也称贯眼纹,穿过眼睛的条状纹。

颊纹 (cheek stripe,或称颧纹): 自喙基侧方贯穿颊部的纵纹。

髭纹 (maxillary stripe): 自下喙基部侧下缘向后延伸的纵纹。

颏 (chin): 喙基部腹面所接续的一小块羽区。

颏纹 (mental stripe): 纵贯于颏部中央的纵纹。

(二) 颈部 (Neck)

前颈 (fore neck): 喉的下部。

后颈 (或称项, nape): 与头的枕部相接近的颈后部。

颈冠 (或称项冠, nuchal crest): 着生于后项部的长羽。

翎领 (ruff): 着生于颈部四周的长羽,形成领状。

披肩 (cape): 着生于后颈的披肩状长羽。

喉 (throat): 紧接颏部的羽区。

喉囊 (gular pouch): 喉部可伸缩的皮囊,食鱼鸟类常具。

(三) 躯干部 (Trunk)

背 (back): 自颈后至腰前的背方羽区。

上背 (mantle): 上背的羽毛。

肩 (scapulars): 背的两侧、翅基部的长羽区域。

翕（mantle）：上背部、肩部及翅的内侧覆羽所合成的一块羽区。

腰（rump）：下背部之后、尾上覆羽前的羽区。

胸（breast）：龙骨突起所在区域。

胁（flanks）：鸟身体两侧的部分，体侧相当于肋骨所在区域。

腹（abdomen）：胸部以后至尾下覆羽前的羽区，可以泄殖腔孔为后界。

肛周（crissum）：围绕泄殖腔四周的一圈短羽。

（四）喙（Bill）

会合线（commissure line）：自嘴角至喙尖的咬合线，其边缘称喙缘（tomia）。

嘴裂（gape）：嘴的肉质内衬。

隆端（dertrum）：喙端隆起部。

鼻孔（nostril）：喙基的成对开孔。

鼻沟（nasal fossa）：上喙侧部的一对深沟，鼻孔位于沟内，见于某些海鸟。

嘴须（rictal bristles）：嘴角上方成排长须，在某些飞捕昆虫的鸟类发达。

副须（supplementary bristles）：头部除嘴须以外的成排小须，依着生部位可分别称为鼻须（nasal bristles）、颏须（chin bristles）。

（五）翼（Wing）

飞羽（remiges）：为翅的一列大型羽毛。有初级飞羽、次级飞羽和三级飞羽。

初级飞羽（primaries）：着生在"手部"（腕骨、掌骨和指骨）的飞羽，通常9~12枚。

次级飞羽（secondaries）：着生在"前臂"（尺骨）上的飞羽，通常10~20枚。

三级飞羽（tertials）：翅膀内侧最靠近身体的一列飞羽。

覆羽（wing coverts）：覆盖在飞羽基部的小型羽毛。

初级覆羽（primary coverts）：覆于初级飞羽基部的覆羽。

次级覆羽（secondary coverts）：覆于次级飞羽基部的覆羽。次级覆羽可明显分为3层，即大覆羽（greater coverts）、中覆羽（medium coverts）和小覆羽（lesser coverts）。

翼指（fingers）：鸟类飞翔时可见到外侧飞羽突出的部分，好像人的手指，在猛禽里可以通过翼指来识别其种类。

翼角（bend of wing）翼的腕关节弯折处。

翼镜（speculum）：翼上特别明显的色斑。鸟类的次级飞羽以及邻近的大腹羽常具金属光泽的羽毛，与其他飞羽和腹羽的颜色相异，出现在雁鸭类中。

肩羽（scapulars）：位于翼背方最内侧的覆盖三级飞羽的多层羽毛，鸟类在合拢翅膀停栖时翅膀面的一列羽毛。

腋羽（axillaries）：翼基下（"腋下"）的覆羽。

缺刻（emargination）：初级飞羽羽片的外翈先端突然变窄，致使这一段的外翈几乎贴紧羽干，形成"缺刻"。

翅斑（wing bars）：翅膀上面排成条状的、与周围颜色不同的区域。

翅上覆羽（wing coverts）：飞羽上面覆盖的羽毛。

小翼羽（alula）：鸟类第一枚指骨上生长的短小而坚韧的羽毛，在飞行中打开可以起到增大阻力的作用。

（六）尾羽（Retrices）

尾羽（retrices）：长在尾综骨的正羽，通常10或12枚。

尾上覆羽（uppertail coverts）：尾羽背侧覆盖的羽毛。

尾下覆羽（undertail coverts）：尾羽下侧覆盖的羽毛。

中央尾羽（central rectrices）：居于中央的一对尾羽。其外侧者统称为外侧尾羽（latral rectrices）。

（七）脚（Foot）：跗跖、趾和爪的总称。

跗跖（tarsus）：由部分跗骨和部分跖骨愈合并延长而成，通常不被羽，表皮角质化，成鳞片状。

距（spur）：自跗跖部后缘伸出的角质刺突，其内常有骨质突。

（八）臀部（Vent）：尾羽下方的区域。

3.4 识别要领

鸟种的识别确认是野外观鸟的最终目标。野外观察到的信息都可以帮助识别鸟种，其中，鸟类的外形特征、行为及生境是野外识别鸟种的主要依据。

（1）外形

体形大小。鸟类图鉴大都给出鸟类的体长及翅长说明。在野外观鸟中，虽然无法确认鸟类的确切体长数据，但根据图鉴中给出的体形描述，结合与麻雀、乌鸦、喜鹊、家鸡等常见鸟类的体形对比，可以给出大体的判断。例如，猛禽体形明显大于鸣禽；银鸥体形明显大于黑尾鸥，黑尾鸥体形又明显大于红嘴鸥。

体形特征。鸟类体形决定了鸟类轮廓的外形特征或剪影，这在判定某些鸟类时很有帮助。例如，鹭类在休息、飞翔时颈部呈"S"形，鸭类和鸊鷉等的游泳姿势有很大差异。

喙形及脚形。喙、脚与鸟类的食性密切相关，许多鸟种有独特的形状，而且特征相对固定，在确认鸟类、识别鸟种时是重要依据。例如，海鸬鹚的喙就远细于普通鸬鹚。

翅及尾。鸟类被羽、善于飞翔是区别其他动物的典型特征。鸟类的翅用于飞翔、尾用于控制方向，不同的鸟类翅、尾形状各不一样并与行为相适应。例如，鸢属栖于开阔地区，所以长翅短尾；而鹰属栖于林间，所以短翅长尾。

羽色。这也是鸟类外形的重要信息，在鸟类成长的过程中，雏鸟、幼鸟、亚成鸟、成鸟可能体色有差别，有的种类雄、雌有差别，有的冬羽和夏羽也不同。

体斑。包括头部的冠纹、侧冠纹、眉纹、颊纹等及上体、下体的纵纹、横纹等，这些体斑的形态、颜色是确认鸟种的重要依据。

（2）行为

包括觅食、休息、摆尾、飞翔、行走、鸣叫等动作行为。例如，啄木鸟飞翔呈波浪形，白鹡鸰一直上下摆尾，而山鹡鸰则左右摆尾；柳莺等鸟类的野外识别需借助于鸣声。鸟类的特殊行为也是野外识别的重要依据。

（3）环境信息

不同的鸟类生活在不同的环境中，根据所在地的生境，可对鸟类进行初步划分。例如，红胸秋沙鸭常在海水中出没，而普通秋沙鸭更常在淡水活动；蓝矶鸫常在岛屿边缘的海蚀崖壁活动，三道眉草鹀常在岛内的高草地和灌丛出没。

本书六种鸟类生态型的划分就是根据鸟类的环境信息划分的。由于鸟类对生态环境敏感，常作为生态环境健康状况的指示物种，是生态环境好坏的"晴雨表"。在野外观鸟的过程中，通过鸟类观察可了解环境的变化，为生态保护提供有益的信息。

第4章 长岛猛禽

猛禽是鹰形目、隼形目、鸮形目和美洲鹫目鸟类的统称，这类鸟的共同特征是喙尖具钩、爪尖弯曲，多数种类具有很强的捕食能力，主要以脊椎动物为食；少数种类主食大型昆虫、螺类或腐肉，还有一种主食果实［非洲的棕榈鹫（Gypohierax angolensis）］。目前，全球共有577种猛禽，包括鸮形目249种、鹰形目257种、隼形目64种、美洲鹫目7种。其中，除美洲鹫目仅分布于美洲，另外三目在中国及长岛都有分布。

鸮形目在中国共有2科32种；长岛共记录有8种。该类群俗称猫头鹰，是高度特化的夜行性猛禽。大型的种类如雕鸮可捕杀中型兽类和鸟类；中型的种类如长耳鸮则以鼠类为食；小型的种类如纵纹腹小鸮则以昆虫为主食。其特征为面部前后压缩成盘状，耳孔左右位置不对称，便于在黑暗中靠听觉确定猎物方位；夜间视力发达，颈部可转动270°，便于在夜间搜寻目标；特殊的飞羽结构使其可以无声地在空中飞行，便于突袭；脚爪两前两后；营巢于天然的或啄木鸟开凿的树洞中。

鹰形目在中国共有2科55种；长岛共记录有2科26种。该目以前归入隼形目，但种系发生学研究显示，它们与隼形目进化关系很远，因此单列一目。它们与其他猛禽的主要区别是，眼睛上方有明显的眶上嵴；多采用翱翔和盘旋的飞行方式，即张开翅膀保持不动，借助上升气流保持在半空中。因此，鹰形目猛禽的翅膀通常格外宽大，尤其初级飞羽的前半部分狭长外延，在飞行时张开如手指状，被称为"翼指"；翼指的数量、翅膀的轮廓，以及翅膀和头尾的比例，是野外鉴定鹰形目猛禽的重要特征。例如，鹫类、雕类、海雕类是7枚翼指；隼雕类、蜂鹰类、鸢类和苍鹰、雀鹰是6枚翼指；鹞类、鹭鹰类、大部分鵟类、日本松雀鹰和松雀鹰是5枚翼指；赤腹鹰和乌灰鹞等是4枚翼指。

鹰形目分为鹗科和鹰科。鹗科全球仅1种，即鹗，广布于中国全境，迁徙时有少量个体路过长岛；是高度特化的捕鱼猛禽，为了抓住湿滑的鱼类，脚底有极其粗糙的鳞片，并且外侧脚趾可以后弯，使脚爪变成两前两后的排列；同时，鹗的飞行姿势也很有特点，在空中弯折双翅，形成巨大的"W"形。鹰科在国内共有23属；长岛记录有13属。其中，蜂鹰属1种，即凤头蜂鹰。每年春末和秋初，迁徙的凤头蜂鹰聚成几十甚至几百上千只的大群飞越长岛，甚至直到6月初仍偶有几十只的群体过境，是长岛记录数量最多的猛禽之一。该属以蜂巢、蜂蛹等为食，为抵挡蜂类的反击，面部羽毛特化为鳞片状；由于以昆虫为食，蜂鹰类虽体形庞大，但头部普遍较小，而且缺乏其他更进步的鹰形目物种所具备的眶上嵴。

黑翅鸢属在长岛也中国仅有黑翅鸢1种，在长岛迁徙季节也偶有记录。秃鹫属在中国仅秃鹫1种，在长岛偶有记录，是大型的食腐鸟类；虽然体形庞大，但因很少捕杀活体猎物，脚爪相对较弱。短趾雕属在中国也仅有短趾雕1种，在长岛于迁徙季偶见，该属是高度特化的食蛇猛禽；为了牢固抓住细长的蛇类，脚趾变短。

乌雕属在中国仅1种，是一种喜好湿地的雕类，在长岛于迁徙季偶见，但已是雕类中在长岛最常见的物种。

隼雕属在长岛仅有靴隼雕1种有记录，迁徙季偶见。

雕属在长岛记录有4种，但都偶见；该属主要以兽类和鸟类为食，体形庞大，是各地生态系统的顶级捕食者；鉴别特征是腿部的羽毛覆盖至脚面。

鹰属在中国共有7种，长岛记录有6种；该属是典型的林栖猛禽，以小型鸟类和小型兽类为食，翅形短圆，尾羽狭长，腿也狭长，便于在枝叶间穿行和捕猎。

鹞属在长岛记录有3种，该属是特化的湿地猛禽，腿极为狭长，翅长尾长，经常贴着芦苇丛低飞，伺机捕食惊飞的小型鸟类。

鸢属在长岛记录有1种，即黑鸢；在春秋季，迁徙的黑鸢常集成小群过境；该属适应性较强，既可捕食陆生和水生动物，也可取食腐肉甚至垃圾，在人类聚居区周围常见。

海雕属在长岛仅记录有1种，即白尾海雕，为当地偶见冬候鸟；该属体形庞大，常出没于湿地和海边，以鱼类、水鸟或腐肉为食，特征是喙部极其巨大，翅长尾短。

鵟属在中国共有6种，在长岛记录有3种；该属是典型的开阔生境的猛禽，翅膀宽阔，尾羽较短，经常在岛屿上空盘旋，以小型鸟类和兽类为食；尤其是普通鵟，在春秋季，常集成大群飞越长岛，是当地记录最多的猛禽种类之一。

鵟鹰属在中国共有3种，长岛仅有灰脸鵟鹰1种，每年早春和晚秋，迁徙个体集成几十乃至几百的大群，飞越长岛，是当地记录最多的猛禽种类之一；该属也主食蛇类，因此脚趾很短，但没有短趾雕特化。

隼形目在中国共有1科12种；长岛共记录有7种。该目的特征是，没有眶上嵴，但鼻孔中有一根突起的鼻中柱，而且上喙尖之后有第一个小尖，可以和下喙的缺刻嵌合，便于切断猎物的脖颈。此外，隼类翼指不明显，翅形尖长，较少长时间翱翔，多采用振翅的方式飞行。长岛最常见的是游隼，是冲刺飞行速度最快的鸟类，各主要岛屿都有定居，繁殖于沿岸的悬崖峭壁，以鸟类为主食；此外，红脚隼在春末和秋初也会集成大群飞越长岛，该物种主要以大型昆虫为食，在空中截击昆虫并在空中进食。

长岛作为连接山东半岛和辽东半岛的海上通道，是迁徙猛禽飞越渤海湾的必经之路。尤其是长岛主要岛屿成南北排列，因此大批猛禽被压缩到很窄的范围内，并且需绕岛盘旋，或贴着岛屿边缘的峭壁飞行，以获得上升气流；因此，春秋季，在长岛的特定地点，比如北隍城岛的北侧山顶、大钦岛的大顶旺等，可以观测到数量非常庞大的猛禽（图4-1）。

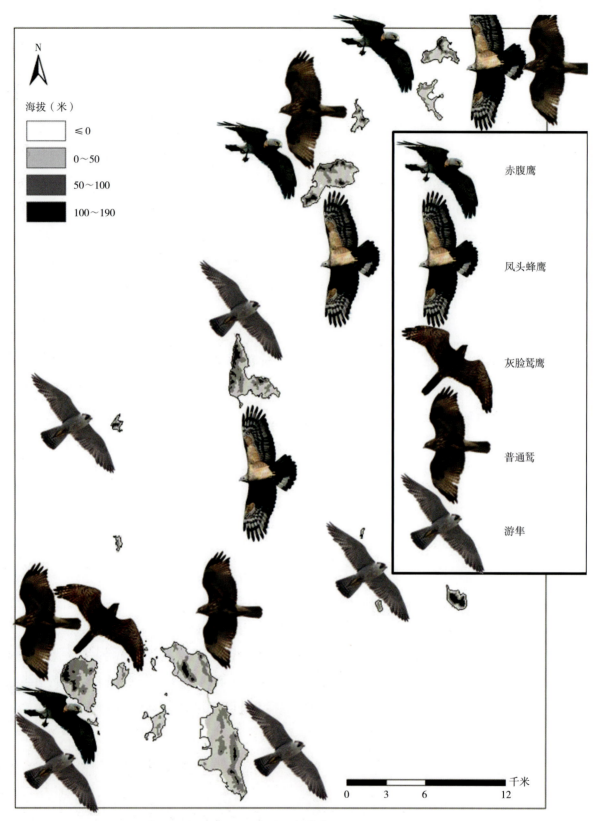

图4-1　长岛主要猛禽观察地点

猛禽在长岛记录有3目41种，其中，鹰形目26种，隼形目7种，鸮形目8种。本章整理了鸮形目7种、隼形目6种和鹰形目23种鸟类的图片和文字说明。

北领角鸮（xiāo）

鸮形目/STRIGIFORMES 旅鸟 ★☆☆☆☆
英文名：Japanese Scops Owl　　学名：*Otus semitorques*

分类：鸮形目>鸱鸮科

鉴别特征：体长21～26厘米。头形方正，具明显耳羽簇及特征性的浅沙色颈圈，下体具显波状横纹及黑色纵纹。与领角鸮的区别是虹膜红色而非深褐色，并且足趾被羽。

食性：以鼠类、甲虫、蝗虫和鞘翅目昆虫等为食。

繁殖习性：繁殖期为3～7月，每窝产卵1～5枚。

分布：中国东北、华北，以及朝鲜半岛、日本和俄罗斯远东。

保护等级：二级；LC。

摄影：赵凯

红角鸮（xiāo）

鸮形目/STRIGIFORMES 夏候鸟 ★★★☆☆
英文名：Oriental Scops Owl　　学名：*Otus sunia*

分类：鸮形目>鸱鸮科

鉴别特征：体长17～21厘米。嘴角质灰色，眼黄色，耳羽明显，上体羽色如松树皮具细纵纹，肩部具白斑，下体具细纵纹。有灰色型及棕色型。又名东方角鸮。

食性：以昆虫、鼠类、小鸟为食。

繁殖习性：繁殖期为2～5月，每窝产卵3～4枚，孵卵期24～28天。

分布：繁殖于中国东北、华北及日本和俄罗斯远东，越冬于中国南方及东南亚、南亚。

保护等级：二级；LC；中俄。

摄影：陈军

摄影：董文晓

纵纹腹小鸮（xiāo）

鸮形目/STRIGIFORMES　　旅鸟 ★☆☆☆☆

英文名：Little Owl　　学名：*Athene noctua*

分类：鸮形目>鸱鸮科

鉴别特征：体长23厘米。头扁圆，头顶具白纵纹，眼上下各具白斑，上体具点斑，下体白具褐色纵纹。

食性：以鼠类和鞘翅目昆虫为主，也吃小鸟、蜥蜴、蛙等小型动物。

繁殖习性：繁殖期为5～7月，每窝产卵2～8枚，孵卵期28～29天。

分布：广泛分布于欧亚和非洲北部。

保护等级：二级；LC；中俄、中韩。

日本鹰鸮（xiāo）

鸮形目/STRIGIFORMES　　旅鸟 ★★☆☆☆

英文名：Northern Boobook　　学名：*Ninox japonica*

分类：鸮形目>鸱鸮科

鉴别特征：体长30厘米。外形似鹰，头形圆且无面盘，眼大黄色，额具白斑，上体烟灰色，下体白色且具粗纵纹。

食性：以鼠类和鞘翅目昆虫为主，也吃小鸟、蜥蜴、蛙等小型动物。

繁殖习性：繁殖期为5～7月，每窝产卵2～8枚，孵卵期28～29天。

分布：繁殖于中国华北至东北，及朝鲜半岛、日本、俄罗斯远东；越冬于中国南方及东南亚。

保护等级：二级；LC；中俄、中韩。

长耳鸮（xiāo）

鸮形目 /STRIGIFORMES　　旅鸟 ★★☆☆☆
英文名：Long-eared Owl　　学名：*Asio otus*

分类：鸮形目 > 鸱鸮科

鉴别特征：体长35~40厘米。长耳羽内侧黑，脸盘橙黄，嘴侧具白色"X"图形，虹膜橙黄色，下体棕色且具褐色纵纹。

食性：以鼠类和小鸟、蜥蜴、蛙等小型动物。

繁殖习性：繁殖期4~6月，每窝产卵3~8枚，孵卵期27~28天。

分布：北美洲、中美洲、欧亚广泛分布。

保护等级：二级；LC；中俄、中韩、中日。

摄影：董文晓

短耳鸮（xiāo）

鸮形目 /STRIGIFORMES　　旅鸟 ★★☆☆☆
英文名：Short-eared Owl　　学名：*Asio flammeus*

分类：鸮形目 > 鸱鸮科

鉴别特征：体长34~42厘米。耳短不明显，眼黄周黑（熊猫眼），虹膜淡黄色，下体具黑纵纹。飞翔时翼下白，腕部具黑斑，但没有长耳鸮显著。

食性：以鼠类和小鸟、蜥蜴、蛙等小型动物。

繁殖习性：繁殖期4~6月，每窝产卵3~8枚，孵卵期27~28天。

分布：北美洲、中美洲、欧亚广泛分布。

保护等级：二级；LC；中俄、中韩、中日。

摄影：赵凯

摄影：薄顺奇

草鸮（xiāo） 鸮形目/STRIGIFORMES 旅鸟 ★☆☆☆☆
英文名：Eastern Grass Owl　学名：*Tyto longimembris*

分类：鸮形目>草鸮科
鉴别特征：体长38～42厘米。具形长的猴面形面庞，上体红褐色且具细小的白点斑，下体胸皮黄色且具细点斑。
食性：以鼠类、蛙、蛇、鸟卵等为食。
繁殖习性：繁殖期4～6月，每窝产卵2～4枚，孵卵期22～24天。
分布：中国东部及南部，以及东南亚、南亚及大洋洲。
保护等级：二级；LC。

黄爪隼（sǔn） 隼形目/FALCONIFORMES 旅鸟 ★☆☆☆☆
英文名：Lesser Kestrel　学名：*Falco naumanni*

分类：隼形目>隼科
鉴别特征：体长29～34厘米。爪黄色，尾羽楔形。雄鸟：头全灰、眼下髭斑不显，上体赤褐色，无黑色横斑，下体棕红色，只有很少的黑色斑点，飞翔时翼下几乎无纵纹。雌鸟：头顶为红褐色。
食性：以蝗虫、蟋蟀等昆虫为食，也吃鼠类、雀形目鸟类等小型脊椎动物。
繁殖习性：繁殖期5～7月，每窝产卵3～6枚，孵化期26～29天。
分布：繁殖于中国北部及中亚、南欧；越冬于亚洲南部及非洲。
保护等级：二级；LC；中俄。

红隼（sǔn）

隼形目/FALCONIFORMES　　留鸟 ★★★☆☆
英文名：Common Kestrel　　学名：*Falco tinnunculus*

分类：隼形目＞隼科
鉴别特征：体长33～39厘米。雄鸟：头灰色且具眼下髭斑，上体赤褐色且具黑色横斑，下体皮黄色且具黑色纵纹，飞翔时翼下细密纵纹。雌鸟：头顶为红褐色。
食性：以蝗虫、蟋蟀等昆虫为食，也吃鼠类、雀形目鸟类等小型脊椎动物。
繁殖习性：繁殖期5～7月，每窝产卵4～5枚，孵化期28～30天。
分布：广布于亚洲、欧洲及非洲。
保护等级：二级；LC；中俄、中韩。

红脚隼（sǔn）

隼形目/FALCONIFORMES　　旅鸟 ★★★☆☆
英文名：Amur Falcon　　学名：*Falco amurensis*

分类：隼形目＞隼科
鉴别特征：体长26～31厘米。雄鸟：蜡膜及眼圈橙红色，上体及翼深烟灰色，下体灰色，臀棕红色，脚红色，飞行时翼下覆羽为白色。雌鸟：额白色，脸侧白色，上体青灰色，下体乳白色且具黑色纵纹。又名阿穆尔隼。
食性：以蝗虫、蟋蟀等昆虫为食。
繁殖习性：繁殖期5～7月，每窝产卵4～5枚，孵化期22～23天。
分布：繁殖于西伯利亚至朝鲜及中国中北部、东北；越冬于非洲。
保护等级：二级；LC；中俄、中韩。

燕隼（sǔn） 隼形目/FALCONIFORMES 旅鸟 ★★☆☆☆
英文名：Eurasian Hobby　　学名：*Falco subbuteo*

分类：隼形目>隼科

鉴别特征：体长30厘米。成鸟：眉纹细短，具独特脸斑，具粗生髭斑，似戴头盔，蜡膜、眼圈及脚黄色，下体具黑色粗纵纹，臀红。亚成鸟：臀部白色。与雌红脚隼区别在具独特脸斑，蜡膜、眼圈、脚黄色，下体纵纹形状不同。

食性：以麻雀等雀形目小鸟为食，大量捕食昆虫。

繁殖习性：繁殖期5～7月，每窝产卵2～4枚，孵化期28天。

分布：繁殖区于欧亚；非繁殖于非洲南部，远东北部。

保护等级：二级；LC；中俄、中韩、中日。

摄影：汪湜

摄影：黄丽华

猎隼（sǔn） 隼形目/FALCONIFORMES 旅鸟 ★☆☆☆☆
英文名：Saker Falcon　　学名：*Falco cherrug*

分类：隼形目>隼科

鉴别特征：体长45厘米。体大而具多种色型。成鸟：脸侧白色，眼下斑细长均匀，下体显白，纵纹胸侧稀疏，腹部变密。亚成鸟：上体褐色深沉，下体满布黑色或褐色纵纹，足色发灰。

食性：以鸟类、啮齿类、小型兽类为食，可猎杀涉禽、游禽、陆禽。

繁殖习性：繁殖期4～6月，每窝产卵3～5枚，孵化期28～30天。

分布：中欧、北非、印度北部、中亚至蒙古及中国北部和西部。

保护等级：一级；EN；中俄、中韩。

摄影：孙戈

摄影：孙戈

游隼（sǔn）

隼形目 /FALCONIFORMES　　留鸟 ★★★☆☆

英文名：Peregrine Falcon　　学名：*Falco peregrinus*

分类：隼形目＞隼科

鉴别特征：体长45～51厘米。成鸟：头黑色、脸侧白色，眼圈和蜡膜鲜黄色，具粗黑的眼下斑，腹侧及尾下覆羽具横纹，脚为醒目的黄色。亚成鸟：下体具粗黑纵纹，眼圈和蜡膜灰色。

食性：在空中截击中小型鸟类，偶尔也捕食鼠类和野兔等小型哺乳动物。

繁殖习性：繁殖期4～6月，每窝产卵2～4枚，孵化期28～29天。

分布：全球广泛分布。

保护等级：二级；LC；中俄、中韩。

鹗（è）

鹰形目 /ACCIPITRIFORMES　　旅鸟 ★★☆☆☆

英文名：Osprey　　学名：*Pandion haliaetus*

分类：鹰形目＞鹗科

鉴别特征：体长50～60厘米。头顶白色且略具羽冠，耳羽黑褐色延至后颈，上体黑褐色，下体白色，胸具棕色纵纹，脚白色且被羽，飞翔时两翼窄长而成弯角，翼下与翅间具黑色条带。

食性：以鱼类为食，有时也捕食蛙、蜥蜴、小型鸟类等其他小型陆栖动物。

繁殖习性：繁殖期为5～8月，每窝产卵2～3枚，最多4枚，孵卵期32～40天。

分布：除南美洲和南极洲外，分布遍于全世界。

保护等级：二级；LC；中俄、中韩。

黑翅鸢（yuān）

鹰形目/ACCIPITRIFORMES　　旅鸟 ★☆☆☆☆

英文名：Black-winged Kite　　学名：*Elanus caeruleus*

分类：鹰形目>鹰科
鉴别特征：体长30～37厘米。体形小，体色以灰白色为主，翼灰色而翼上覆羽黑色，翼下覆羽白色而初级飞羽黑色，有振羽悬停动作。
食性：以田间的鼠类、昆虫、小鸟、昆虫和爬行动物等为食。
繁殖习性：繁殖期为3～4月，每窝产卵3～5枚，孵卵期25～28天。
分布：非洲、欧亚大陆南部、印度、中国南部、菲律宾及印度尼西亚至新几内亚。
保护等级：二级；LC。

凤头蜂鹰

鹰形目/ACCIPITRIFORMES　　旅鸟 ★★★☆☆

英文名：Oriental Honey Buzzard　　学名：*Pernis ptilorhynchus*

分类：鹰形目>鹰科
鉴别特征：体长50～66厘米。有多种色型，均具浅色喉块缘以浓密的黑纹，头小、颈长与斑鸠相似，眼先羽毛呈鳞片状。飞行时头相对小而颈显长，两翼及尾均狭长，并具较宽的翼次端带及尾次端带。
食性：特别爱吃蜜蜂、胡蜂，也吃蜂蜜、蜂蜡及其他昆虫，有时还捕食鼠、蛙、蛇等小型动物。

繁殖习性：繁殖期为5～6月，每窝产卵2～3枚，孵卵期32天。
分布：长岛过境的*orientalis*亚种繁殖于中国东北、西伯利亚、日本及朝鲜半岛；越冬于印度次大陆、中南半岛、印度尼西亚及菲律宾；此外，中国西南地区至东南亚还有*ruficollis*亚种，为留鸟。
保护等级：二级；LC；中俄、中韩。

秃鹫（jiù）

鹰形目 / ACCIPITRIFORMES　　旅鸟 ★☆☆☆☆

英文名：Cinereous Vulture　　学名：*Aegypius monachus*

分类：鹰形目＞鹰科

鉴别特征：体长100～120厘米。体形甚大，全身乌褐色，嘴粗且青灰色，眼周及前颈色深，前颈具松散的黄簇羽，飞翔时常缩脖。

食性：食物为大型动物和其他腐烂动物的尸体，也捕食一些中小型兽类。

繁殖习性：繁殖期为3～7月，每窝产卵1～2枚，孵卵期55天。

分布：非洲西北部、欧洲南部、亚洲中部、西伯利亚南部至俄罗斯远东地区、巴基斯坦和印度西北部。

保护等级：一级；NT；中俄。

摄影：朱英

短趾雕

鹰形目 / ACCIPITRIFORMES　　旅鸟 ★☆☆☆☆

英文名：Short-toed Snake Eagle　　学名：*Circaetus gallicus*

分类：鹰形目＞鹰科

鉴别特征：体长64～71厘米。颈粗短，喉及胸单一褐色，腹下白色而具深色横纹，飞行时覆羽白色且具褐色横纹。

食性：食物为蛇类、蜥蜴类、蛙类以及小型鸟类，偶食小型啮齿动物如野兔、野鼠等，也吃腐肉。

繁殖习性：繁殖期为4～6月，每窝产卵1～2枚，孵卵期47天。

分布：繁殖于亚洲中西部、欧洲中部及北非，越冬于非洲中部；在亚洲南部为留鸟。

保护等级：二级；LC；中俄。

摄影：陈建中

乌雕 鹰形目/ACCIPITRIFORMES 旅鸟 ★☆☆☆☆
英文名：Greater Spotted Eagle　　学名：*Clanga clanga*

分类：鹰形目>鹰科

鉴别特征：体长70厘米。成鸟：全体深褐色，臀白腰白，尾黑色且无横斑，飞翔时尾上覆羽具白色的"U"形斑。亚成鸟：似成鸟，上体具白色点斑，翅具白色横带。与林雕成鸟区别为尾黑无横斑，尾上覆羽白色，臀白色；幼鸟区别为体黑褐色而非褐色，翼具点斑，翅具横带。

食性：以野兔、鼠类、野鸭、蛙、蜥蜴、鱼和鸟类等小型动物为食，有时也吃动物尸体和大的昆虫。

繁殖习性：繁殖期为5～7月，每窝产卵1～3枚，孵卵期42～44天。

分布：繁殖于欧洲中部至西伯利亚东部和中国北部；越冬于中国南方，及亚洲南部、非洲东北部。

保护等级：一级；VU；中俄、中韩。

靴隼（sǔn）雕 鹰形目/ACCIPITRIFORMES 旅鸟 ★☆☆☆☆
英文名：Booted Eagle　　学名：*Hieraaetus pennatus*

分类：鹰形目>鹰科

鉴别特征：体长45～54厘米。脚被羽粗短，颈粗短，站立时显体矮。飞行时从正面可见肩部的醒目白色点斑（俗称"车灯"）。浅色型：上体皮黄色，下体白色且具褐纵纹，喉侧成褐块，飞翔时翼下覆羽白色。深色型：全身深褐色，两翼深褐色，尾下色浅。

食性：以啮齿动物、野兔、小鸟、幼鸟、爬行动物为食。

繁殖习性：繁殖期为5～6月，每窝产卵1～3枚，通常2枚，孵卵期32～34天。

分布：繁殖于亚洲北部、中部及欧洲；越冬于亚洲南部及非洲。

保护等级：二级；LC。

白腹隼（sǔn）雕

鹰形目 / ACCIPITRIFORMES　　旅鸟 ★☆☆☆☆
英文名：Bonelli's Eagle　　学名：*Aquila fasciata*

分类：鹰形目＞鹰科

鉴别特征：体长70～73厘米。成鸟：下体由喉至腹白色且具纵纹，翼具细横纹，翼与翅间具黑横带，翼尖黑色。亚成鸟：翼下及下体黄褐色，不具粗生翅后缘及尾后缘。

食性：以啮齿类、鸟类等中小型脊椎动物为食。

繁殖习性：繁殖期为3～5月，每窝产卵1～3枚，孵卵期42～43天。

分布：西班牙至印度至中国南部，以及非洲北部。

保护等级：二级；LC。

赤腹鹰

鹰形目 / ACCIPITRIFORMES　　夏候鸟 ★★☆☆☆
英文名：Chinese Sparrow Hawk　　学名：*Accipiter soloensis*

分类：鹰形目＞鹰科

鉴别特征：体长26～36厘米。蜡膜橘黄色。雄鸟：眼睛红褐色深，上体蓝灰色，下体胸、腹棕褐色，飞翔时翼下白色而翅端黑色。雌鸟：眼睛黄褐色，上体暗灰色。亚成鸟：上体褐色，喉、胸具黑纵纹，腹具棕色心形斑组成的粗横纹。

食性：以蛙、蜥蜴等动物性食物为食，也吃小型鸟类，鼠类和昆虫。

繁殖习性：繁殖期为5～6月，每窝产卵2～5枚，孵卵期30天。

分布：繁殖于东北亚及中国；冬季南迁至中国南部、菲律宾及马来群岛。

保护等级：二级；LC；中韩。

日本松雀鹰

鹰形目 /ACCIPITRIFORMES　　旅鸟 ★★★☆☆
英文名：Japanese Sparrow Hawk　　学名：*Accipiter gularis*

分类：鹰形目>鹰科

鉴别特征：体长25～34厘米。与赤腹鹰相似，整体色深。区别为：雄鸟下体胸、腹棕色但具非常细羽干纹；雌鸟具细喉央线，下体密布褐色横纹；亚成鸟白眉细长至后颈散，具细喉中线，下体具黑纵纹。

食性：以山雀、莺类等小型鸟类为食，也吃昆虫和蜥蜴。

繁殖习性：繁殖期为5～6月，每窝产卵2～5枚，孵卵期30天。

分布：繁殖于中国东北、西伯利亚及日本；冬季南迁至中国南部、菲律宾及马来群岛。

保护等级：二级；LC；中俄、中日。

松雀鹰

鹰形目 /ACCIPITRIFORMES　　旅鸟 ★☆☆☆☆
英文名：Besra　　学名：*Accipiter virgatus*

分类：鹰形目>鹰科

鉴别特征：体长28～38厘米。成鸟：黑色喉中线延长至胸，具髭纹，下体胸具纵纹、腹具褐横纹，雄鸟胸侧呈棕块。亚成鸟：下体多纵纹少横纹，白眉细长至后颈散。与日本松雀鹰区别在具髭纹，喉中线清晰，下体及翼下横纹粗而清晰。

食性：以鼠类、小鸟、昆虫等动物为食。

繁殖习性：繁殖期为5～6月，每窝产卵4～5枚，孵卵期30天。

分布：印度、中国南方、东南亚、菲律宾及大巽他群岛。

保护等级：二级；LC。

雀鹰 鹰形目/ACCIPITRIFORMES 旅鸟 ★★★☆☆

英文名：Eurasian Sparrow Hawk　　学名：*Accipiter nisus*

分类：鹰形目 > 鹰科

鉴别特征：体长32~38厘米。喉白色且无喉中线，无髭纹，具细白眉。雄鸟：脸颊棕色，下体具细密棕色横纹。雌鸟：脸颊无棕色，下体及腿上具灰褐色横斑。亚成鸟：胸部具褐色横斑而无纵纹。

食性：以鸟、昆虫和鼠类等为食，也捕野兔、蛇等。

繁殖习性：繁殖期为4~6月，每窝产卵3~5枚，孵卵期32~35天。

分布：繁殖于古北界；越冬于中国大部及非洲、印度、东南亚。

保护等级：二级；LC；中俄。

苍鹰 鹰形目/ACCIPITRIFORMES 旅鸟 ★★★☆☆

英文名：Northern Goshawk　　学名：*Accipiter gentilis*

分类：鹰形目 > 鹰科

鉴别特征：体长49~60厘米。无喉中线。成鸟：上体灰黑色，头具白色的宽眉纹，耳羽黑色，喉白色且具细纵纹，下体白色且具细密横纹。亚成鸟：上体褐色浓重，下体棕黄色且具偏黑色粗纵纹。

食性：以森林鼠类、野兔、雉类、榛鸡、鸠鸽类和其他小型鸟类为食。

繁殖习性：繁殖期为4~6月，每窝产卵3~4枚，孵卵期30~33天。

分布：亚洲、欧洲、北美洲及北非。

保护等级：二级；LC；中俄、中韩。

凤头鹰

鹰形目 / ACCIPITRIFORMES　　旅鸟 ★☆☆☆☆

英文名：Crested Goshawk　　学名：*Accipiter trivirgatus*

分类：鹰形目＞鹰科

鉴别特征：体长40～48厘米。有显著喉中线，枕部有短羽冠，腿粗，翅膀后缘显著凸起成弧形，尾下覆羽发达，常在空中张开形成白色的"尾裙"。

食性：以松鼠等小型哺乳动物、鸟类、两栖爬行动物为食。

繁殖习性：通常每窝产卵2枚，孵卵期28～38天。

分布：主要分布于中国南部（但在北京百望山、辽宁老山有稳定监测数据）及南亚、东南亚。

保护等级：二级；LC。

白尾鹞（yào）

鹰形目 / ACCIPITRIFORMES　　旅鸟 ★★☆☆☆

英文名：Hen Harrier　　学名：*Circus cyaneus*

分类：鹰形目＞鹰科

鉴别特征：体长42～51厘米。腰白色。雄鸟：头、颈及胸灰色，下体胸以下白色，飞翔时，翼下白色、翼尖黑色。雌鸟：脸部具深褐色月牙形耳斑，初级飞羽灰色，次级黑色，下胸棕褐色且胸纵纹粗、腹纵纹细。

食性：以小型鸟类、鼠类、蛙、蜥蜴和大型昆虫等动物性食物为食。

繁殖习性：繁殖期为4～7月，每窝产卵4～5枚，孵卵期29～31天。

分布：繁殖于欧洲和亚洲中部及北部；越冬于亚洲南部和非洲北部。

保护等级：二级；LC；中俄、中韩、中日。

鹊鹞（yào）

鹰形目 / ACCIPITRIFORMES　　旅鸟　★★☆☆☆

英文名：Pied Harrier　　学名：*Circus melanoleucos*

分类：鹰形目＞鹰科

鉴别特征：体长42～50厘米。雄鸟：头至胸及体背黑色，腹以下白色，胸腹分界黑白分明，初级飞羽黑色，飞翔时体背黑、白色呈独特的"十"字。雌鸟：背面腰白色，翅前缘白色，下体胸具纵纹而腹白色。

食性：以小鸟、鼠类、林蛙、蜥蜴、蛇、昆虫等小型动物为食。

繁殖习性：繁殖期为5～7月，每窝产卵4～5枚，孵卵期30天。

分布：繁殖于东北亚；冬季南迁至东南亚、菲律宾及北婆罗洲。

保护等级：二级；LC；中俄、中韩。

白腹鹞（yào）

鹰形目 / ACCIPITRIFORMES　　旅鸟　★★☆☆☆

英文名：Eastern Marsh Harrier　　学名：*Circus spilonotus*

分类：鹰形目＞鹰科

鉴别特征：体长43～54厘米。雄鸟：头颈黑色，喉及胸黑色且满具白色纵纹，飞翔时体背及翼覆羽黑色，翼尖外缘黑色。雌鸟：体羽深褐色，头顶、颈背、喉及前翼缘皮黄色，下体深褐色，胸有皮黄斑块。

食性：以小型鸟类、啮齿类、蛙、蜥蜴、小型蛇类和大的昆虫为食。

繁殖习性：繁殖期为4～6月，每窝产卵3～6枚，孵卵期33～38天。

分布：繁殖于东亚；南迁至东南亚及菲律宾越冬。

保护等级：二级；LC；中俄、中韩、中日。

黑鸢（yuān）

鹰形目/ACCIPITRIFORMES　　旅鸟 ★★★☆☆
英文名：Black Kite　　学名：*Milvus migrans*

分类：鹰形目＞鹰科

鉴别特征：体长54～66厘米。体羽深褐色，耳羽黑色，下体具粗的针状黄色羽轴。飞翔时，初级飞羽基部具明显的浅色次端斑，尾略分叉。又名黑耳鸢。

食性：以小鸟、鼠类、蛇、蛙、鱼、野兔、蜥蜴和昆虫等动物性食物为食，偶尔也吃家禽和腐尸。

繁殖习性：繁殖期为4～7月，每窝产卵2～3枚，孵卵期38天。

分布：亚洲、欧洲、大洋洲及非洲。

保护等级：二级；LC；中俄、中韩。

白尾海雕

鹰形目/ACCIPITRIFORMES　　旅鸟 ★☆☆☆☆
英文名：White-tailed Sea Eagle　　学名：*Haliaeetus albicilla*

分类：鹰形目＞鹰科

鉴别特征：体长74～92厘米。成鸟：嘴形粗大，黄色，体羽黑褐色，头及胸棕色形成独特的"芝麻斑"，飞翔时尾全白色。亚成鸟：全体棕褐羽片带灰白色而显杂，尾外缘黑色。与玉带海雕区别在嘴形粗大，尾全白色。

食性：以鱼类为主食，也经常捕食水鸟和海鸟，及其他鸟类和小型兽类，也食腐。

繁殖习性：繁殖期为4～7月，每窝产卵2～3枚，孵卵期38天。

分布：亚洲和欧洲北部。

保护等级：一级；LC；中俄、中韩。

灰脸鵟（kuáng）鹰

鹰形目 / ACCIPITRIFORMES 旅鸟 ★★★☆☆

英文名：Grey-faced Buzzard 学名：*Butastur indicus*

分类：鹰形目 > 鹰科

鉴别特征：体长39～48厘米。成鸟：眼黄色，眉白色而粗，脸侧灰色，喉白色且具黑色髭纹、喉中纹，下体密布红褐横纹，胸部常成褐色块。亚成鸟：下体红褐横纹变为纵纹，两胁具横纹。

食性：以中小型鸟类、小型兽类、两栖爬行类和昆虫为食。

繁殖习性：繁殖期为5～7月，每窝产卵3～4枚，孵卵期32天。

分布：繁殖于中国东北及日本、朝鲜半岛、俄罗斯远东；越冬于中国南方及东南亚。

保护等级：二级；LC；中俄、中韩、中日。

毛脚鵟（kuáng）

鹰形目 / ACCIPITRIFORMES 冬候鸟 ★☆☆☆☆

英文名：Rough-legged Hawk 学名：*Buteo lagopus*

分类：鹰形目 > 鹰科

鉴别特征：体长54厘米。头、颈及上体白色染褐色，脚被羽，飞翔时除翼端及翼角黑色外其余翼白色，尾羽白色，具显著的黑色次端斑。与其他鵟区别为整个头部色偏白色。飞翔时整个下体显白。会悬停。

食性：以田鼠等小型啮齿类动物和小型鸟类为食，也捕食野兔、雉鸡、石鸡等较大的动物。

繁殖习性：繁殖期为5～8月，每窝产卵3～4枚，孵卵期28～31天。

分布：北美洲，欧亚广泛分布。

保护等级：二级；LC；中俄、中韩、中日。

大鵟（kuáng）

鹰形目 / ACCIPITRIFORMES　　旅鸟 ★☆☆☆☆
英文名：Upland Buzzard　　学名：*Buteo hemilasius*

分类：鹰形目＞鹰科

鉴别特征：体长56～71厘米。胸纵纹少而两胁、腹下及脚深棕色，飞翔时翼尖黑色与白色初级飞羽对比明显，翼下覆羽棕褐色。有几种色型，但以体形大、初级飞羽基部的大白斑为显著特征。跗跖正面被羽。

食性：以啮齿动物及蛙、蜥蜴、野兔、蛇等为食。

繁殖习性：繁殖期为5～7月，每窝产卵2～4枚，孵卵期30天。

分布：繁殖于亚洲北部及青藏高原；越冬于中国中部、南亚及中亚。

保护等级：二级；LC；中俄、中韩。

摄影：李在军

普通鵟（kuáng）

鹰形目 / ACCIPITRIFORMES　　旅鸟 ★★★☆☆
英文名：Eastern Buzzard　　学名：*Buteo japonicus*

分类：鹰形目＞鹰科

鉴别特征：体长50～59厘米。额基、喉块色深，胸部有纵纹且胸部有浓重色块，初级飞羽大斑不明显，区别其他鵟。有深色型、棕色型、淡色型等多种体色变化，但额基、喉块深色明显。

食性：以啮齿动物及蛙、蜥蜴、野兔、蛇等为食。

繁殖习性：繁殖期为5～7月，每窝产卵2～4枚，孵卵期30天。

分布：繁殖于中国东北、日本及俄罗斯远东；越冬于中国南部、韩国、东南亚及南亚。

保护等级：二级；LC；中俄、中韩。

摄影：赵凯

摄影：赵凯

第5章　长岛海鸟及滨海水鸟

海鸟及滨海水鸟指栖息于海洋或海滨的鸟类，在中国主要包括鹱形目、潜鸟目、鹲形目，以及鲣鸟目中的军舰鸟科、鲣鸟科和海生鸬鹚类，雁形目中的海鸭类，鸻形目中的海雀科、贼鸥科、海生鸥类、活动于海滨的鸻鹬类，鹈形目中的部分繁殖于海岛或活动于海滨的鹭类。其中，鹱形目、鹲形目、海雀科、贼鸥科、军舰鸟科、鲣鸟科和海生鸬鹚科终身活动于海上；潜鸟目和海鸭类通常繁殖于内陆，越冬于海上；鸻鹬类则仅在迁徙途中或越冬期活动于滨海地区，繁殖期则前往内陆。

鹲形目共有1科3种，中国均有分布，但仅见于热带海域，长岛没有记录。潜鸟目共有1科5种，中国分布有4种，长岛记录有3种，但都非常少见。鹱形目共4科145种，是远洋海鸟中种类最多的类群。中国4科都有分布，但仅19种；长岛记录有3科3种，但仅白额鹱较为常见，可能在长岛外海观测到。鹱类的主要特征是左右鼻孔在喙顶侧愈合成一个长管，因为该类群多依靠嗅觉在海面搜寻浮游生物，所以需要借助这种结构来汇聚气味；此外，由于其终身活动于海上，难以获得淡水，因此也可以将多余的盐分由鼻孔顶部的腺体排出。鹱类飞行时常用一侧翅尖划过水面，借以感受海面下的猎物。该类群多繁殖于远离大陆且植被较好、地势较缓的无人岛屿，挖掘地洞育雏；目前，在长岛没有繁殖记录，但每年春秋季，长岛对面的旅顺老铁山都常记录到白额鹱集成几十乃至上百只的大群贴海面迁徙，推测其也会飞越长岛外海。

鲣鸟目共有4科59种，中国4科都有记录，共13种；但其中的海生种类主要分布于南方热带海域，在长岛数量较多的种类仅海鸬鹚和绿背鸬鹚2种海生鸬鹚；此外，普通鸬鹚在长岛越冬数量也较多，并且在长岛也在海中栖息捕鱼，因此在长岛也算为海鸟。白斑军舰鸟和褐鲣鸟也有历史记录，但极其罕见，推测为迷鸟。两种海生鸬鹚夏季都在长岛的车由岛、高山岛等无人岛屿的悬崖峭壁营巢繁殖，秋季则在长岛各海域游荡，尤其经常出没于海面的养殖区；鸬鹚类可以潜水追捕鱼类，但羽毛不防水，所以出水后需要晾晒翅膀，才可以飞行，因此常可在海面礁石或养殖区的浮标上见到这两种鸬鹚。

海鸭类通常指绒鸭类、海番鸭类、鹊鸭类、海生秋沙鸭类及长尾鸭、丑鸭，这些鸭类都在海上潜水捕食鱼类及海生无脊椎动物。其中，绒鸭类共4种，主要活动于北极地区，中国仅1种，偶见，长岛没有分布。海番鸭类共6种，中国有3种，长岛仅1种斑脸海番鸭，冬季偶见于岛屿沿岸海域；这一类鸭类喙基有发达隆起的腺体，可以有效地排除多余的盐分。鹊鸭类共3种，中国仅鹊鸭1种，迁徙季可见于成群途经长岛海域。长尾鸭在长岛冬季偶见，丑鸭则更为罕见。秋沙鸭类中，仅红胸秋沙鸭是典型的海生鸭类，冬季成对或集小群出没于近海，是长岛冬季最常见的海鸟之一，常出没于养殖区；秋沙鸭类与鸬鹚趋同进化，体形都呈流线型，喙尖具钩，可在水下长时间追捕鱼类；此外，秋沙鸭类喙的边缘具细锯齿，更便于叼住鱼类。

鸻形目中，完全海生的鸟类仅24种海雀科鸟类和7种贼鸥科鸟类；长岛仅记录有扁嘴海雀1种，但极其罕见；该物种繁殖于人为干扰较少、沿岸多石缝的外海岛屿，在青岛海域有繁殖，但长岛未记录到繁殖个体。鸥科全球共103种，中国共45种，长岛记录有11种，不过其中仅黑尾鸥1种繁殖于海岛，算是完全的海生鸥类，也是长岛最常见的海鸟；此外，西伯利亚银鸥在冬季也常见于各岛沿岸，夏季则前往北方内陆繁殖。其他鸥类如黑嘴鸥和普通海鸥在繁殖期外也活动于海上，但长岛极其罕见。鸻鹬类在迁徙和越冬期大部分觅食于沿海滩涂，但长岛各岛多为石质海岸和峭壁，鲜有滩涂，因此鸻鹬类多为迁徙过境个体，很少有停息觅食的个体。蛎鹬科在全球共11种，中国1种，在长岛夏季繁殖于各岛沿岸礁石间。

鹈形目鹭科全球共68种，中国共26种，不过大多数繁殖于内陆，仅2种繁殖于南方的红树林中，仅黄嘴白鹭1种繁殖于海岛；黄嘴白鹭也是长岛的重点保护鸟类之一，在夏季主要营巢于高山岛的沿岸峭壁区的树丛中。

在长岛，除蛎鹬在繁殖期可见于各岛的石质海岸外，黑尾鸥、海鸬鹚、绿背鸬鹚和黄嘴白鹭都集中繁殖于车由岛、高山岛和猴矶岛等3个具有悬崖峭壁的无人岛屿（图5-1）。巨大的海鸟繁殖群落，也是作为海洋类自然保护区的长岛保护区的特色之一。

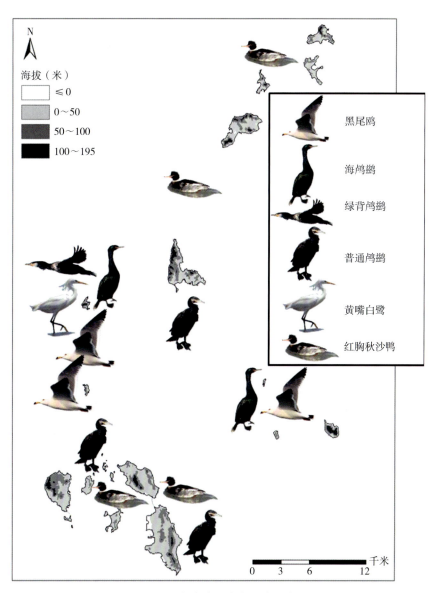

图5-1　长岛主要海鸟聚集地点

海鸟在长岛记录有6目50种，其中，雁形目6种，鸻形目32种，潜鸟目3种，䴙䴘目3种，鲣鸟目5种，鹈形目1种。本章整理了潜鸟目黄嘴潜鸟1种、䴙䴘目白额䴙䴘1种、鲣鸟目海鸬鹚和绿背鸬鹚2种、雁形目3种、鸻形目29种、鹈形目黄嘴白鹭1种的图片和文字说明。

黄嘴潜鸟

潜鸟目/GAVIIFORMES　　冬候鸟 ☆☆☆☆☆
英文名：Yellow-billed Loon　　学名：*Gavia adamsii*

分类：潜鸟目＞潜鸟科

鉴别特征：体长83厘米。夏羽：具特征性黄白色粗大嘴，头黑绿色，具白色颈环。冬羽：头颈部白。

食性：以鱼类、甲壳类和软体动物为食，也吃蜻蜓、甲虫等水生昆虫和无脊椎动物。

繁殖习性：繁殖期5～7月，每窝4～5枚，孵化期20～23天。

分布：繁殖于北极地区，从摩尔曼斯克东部至西伯利亚、阿拉斯加和加拿大南部。冬季南迁至北纬50°或更南。

保护等级：NT；中韩、中日。

夏羽　黄白色粗大嘴　摄影：张明

黄白色粗大喙　摄影：关翔宇

白额鹱（hù）

鹱形目/PROCELLARIIFORMES　　旅鸟 ★☆☆☆☆
英文名：Streaked Shearwater　　学名：*Calonectris leucomelas*

分类：鹱形目＞鹱科

鉴别特征：体长47～52厘米。鼻孔成管状，前额白、头顶和颈侧散布褐色纵纹，翅长而窄，飞行时常用一侧翅尖掠过海面，尾呈楔形。

食性：以鱼类、虾类及浮游动物为食。

繁殖习性：繁殖期6～11月，每窝1枚，孵化期50～55天。

分布：繁殖于中国黄渤海近海岛屿及太平洋西北部的小型岛屿；越冬南下至赤道。

保护等级：NT；中俄、中韩、中澳。

翅狭长　鼻孔在喙的背侧合为管状　喙由多片骨板组成　摄影：曾晨

海鸬鹚

鲣鸟目 / SULIFORMES   夏候鸟 ★★☆☆☆

英文名：Pelagic Cormorant   学名：*Phalacrocorax pelagicus*

分类：鲣鸟目 > 鸬鹚科

鉴别特征：体长 70 厘米。喙比其他鸬鹚细。夏羽：眼周及喉暗红色，前额及后枕具短冠羽，全身黑色具紫、绿光泽，头、颈具白色丝状羽，胁具白斑。冬羽：头上无冠羽，胁部白斑消失。与红脸鸬鹚区别在眼周红色不延至额基。

食性：以鱼、虾为食，兼食少量的海藻、海带、海紫菜等。

繁殖习性：繁殖期为 6~8 月，每窝产卵 3~6 枚，孵卵期 28 天。

分布：繁殖于中国辽东半岛、山东半岛沿海岛屿，以及阿拉斯加至西伯利亚及日本；越冬于美国的加利福尼亚州、日本南部及中国。

保护等级：二级；LC；中俄、中日、中韩。

绿背鸬鹚

鲣鸟目 / SULIFORMES   夏候鸟 ★★★☆☆

英文名：Japanese Cormorant   学名：*Phalacrocorax capillatus*

分类：鲣鸟目 > 鸬鹚科

鉴别特征：体长 81~92 厘米。与普通鸬鹚区别在于嘴周及下嘴基无细黑点斑，头、颈部的白羽毛细密呈丝状，两翼及背部具偏绿色光泽，脸部白色块斑大；上下喙基黄色边缘呈锐角，而普通鸬鹚通常呈钝角。

食性：以各种鱼类为食。

繁殖习性：繁殖期为 4~6 月，每窝产卵 4~5 枚，孵卵期 28~30 天。

分布：繁殖于中国山东和辽宁沿海岛屿，以及朝鲜、日本、库页岛及萨哈林岛；冬季南迁经过沿海海域至中国东南部。

保护等级：LC；中俄、中韩。

斑脸海番鸭

雁形目 /ANSERIFORMES　　冬候鸟 ★★☆☆☆
英文名：Siberian Scoter　　学名：*Melanitta stejnegeri*

分类：雁形目>鸭科

鉴别特征：体长51～58厘米。雄鸟：全身黑色，翅上有白斑，喙红色，喙基有黑色瘤，眼后有白斑；亚成鸟喙没有瘤。雌鸟：灰褐色，翅上也有白斑，颊部有边缘模糊的白斑。

食性：食肉性鸟类，主要在沙质海岸潜水捕食软体动物和甲壳类等。

繁殖习性：繁殖期3～4月，每窝产卵5～7枚，孵化期平均25天。

分布：古北界分布，繁殖于西伯利亚东部；越冬于东北至华东沿海地区及太平洋西北部。

保护等级：LC；中俄、中韩、中日。

摄影：孙戈

红胸秋沙鸭

雁形目 /ANSERIFORMES　　冬候鸟 ★★★☆☆
英文名：Red-breasted Merganser　　学名：*Mergus serrator*

分类：雁形目>鸭科

鉴别特征：体长52～60厘米。雄鸟：眼红色，头绿黑色且具丝状冠羽，红胸与绿头间具白色颈环。雌鸟：嘴红色且稍上翘，头棕褐色，与灰白色的胸无明显过渡。丝质冠羽长而尖。

食性：以小型鱼类为主，也吃水生昆虫、软体动物等水生动物，偶吃少量植物。

繁殖习性：繁殖期5～7月，每窝产卵8～12枚，孵化期31～35天。

分布：分布于全北界、印度、中国；越冬于东南亚。

保护等级：LC；中俄、中日、中韩。

摄影：张锡贤

鹊鸭

雁形目/ANSERIFORMES　　旅鸟 ★☆☆☆☆

英文名：Common Goldeneye　　学名：*Bucephala clangula*

分类：雁形目 > 鸭科

鉴别特征：体长48厘米。雄鸟：嘴黑眼黄，头大而高耸具绿光泽，喙基部具白斑，胸、腹及次级飞羽白。雌鸟：嘴黑尖黄（有时无），颈具白颈环。

食性：以昆虫、蠕虫、甲壳类、软体动物等各种所能利用的淡水和咸水水生动物为食。

繁殖习性：繁殖期5～7月。每窝产卵8～12枚，孵化期30天。

分布：亚洲、欧洲及北美。

保护等级：LC；中俄、中日、中韩。

蛎（lì）鹬

鸻形目/CHARADRIIFORMES　　夏候鸟 ★★★☆☆

英文名：Eurasian Oystercatcher　　学名：*Haematopus ostralegus*

分类：鸻形目 > 蛎鹬科

鉴别特征：体长44厘米。长嘴红色而直，眼红色，脚红色，头、颈及上体黑色，下体白色。飞翔时下背及腰白色，翼具白斑。

食性：以甲壳类、软体动物、蠕虫、虾、蟹、沙蚕、小鱼、昆虫和幼虫为食。

繁殖习性：繁殖期5～7月，每窝产卵2～4枚，孵化期22～24天。

分布：分布于欧洲至西伯利亚；南方越冬。

保护等级：NT；中俄、中韩、中日。

红嘴鸥

鸻形目/CHARADRIIFORMES　　旅鸟 ★☆☆☆☆
英文名：Black-headed Gull　　学名：*Chroicocephalus ridibundus*

分类：鸻形目>鸥科

鉴别特征：体长40厘米。夏羽：嘴红色而细长，头巧克力色，白色眼睑较窄（后端封闭），飞翔时初级飞羽翼上末端黑色、外侧白色，脚红色。冬羽：头白色，嘴红色或黄色而尖黑色，头顶有褐色斑。眼后有黑斑。亚成鸟：似冬羽，翅具褐斑，尾端具细黑带。与头深色型鸥区别在嘴形细长，夏羽的眼睑后端封闭，冬羽嘴黄尖黑，眼后具黑斑，飞翔时翼外侧白，翼下初级飞羽黑色。

食性：以鱼虾、昆虫为食。

繁殖习性：繁殖期5～7月，每窝产卵2～6枚，孵化期23～24天。

分布：繁殖于古北界；南迁至中国华北及南方各省，印度、东南亚及菲律宾越冬。

保护等级：LC；中俄、中韩、中日。

黑尾鸥

鸻形目/CHARADRIIFORMES　　留鸟 ★★★★★
英文名：Black-tailed Gull　　学名：*Larus crassirostris*

分类：鸻形目>鸥科

鉴别特征：体长47厘米。夏羽：眼黄色，嘴粗黄而尖红色，次端黑色，飞翔时翼及翼尖黑色，腰、尾白色且具黑色宽次端带。冬羽：同夏羽，头顶及颈背具褐色点斑。亚成鸟：全身褐红色，脸部色浅，嘴粉红色而端黑色，脚粉红色。

食性：在海面上捕食上层鱼类为食，也吃虾、软体动物和水生昆虫等。

繁殖习性：繁殖期4～7月，每窝通常2枚，最多3枚，孵化期25～27天。

分布：日本沿海及中国海域。

保护等级：LC；中俄、中韩。

普通海鸥

鸻形目/CHARADRIIFORMES 旅鸟 ★☆☆☆☆
英文名：Mew Gull 学名：*Larus canus*

分类：鸻形目＞鸥科

鉴别特征：体长45厘米。夏羽：眼黑色，嘴细短而黄色，头形圆小，脚黄色，飞翔时翼灰而初级飞羽黑，并具白点斑。冬羽：头及颈散见褐黄色细纹。亚成鸟：嘴、脚淡红色，嘴尖黑色，颈侧具细纹，上体具褐斑。嘴细短，头部显圆，眼黑色区别于其他鸥。

食性：以海滨昆虫、软体动物、甲壳类以及耕地里的蠕虫和蛴螬为食。

繁殖习性：繁殖期4～8月，每窝2～3枚，孵化期24～28天。

分布：日本沿海及中国海域。

保护等级：LC；中俄、中韩、中日。

西伯利亚银鸥

鸻形目/CHARADRIIFORMES 冬候鸟 ★★★☆☆
英文名：Vega Gull 学名：*Larus vegae*

分类：鸻形目＞鸥科

鉴别特征：体长62厘米。夏羽：嘴黄色，嘴尖具红点，体背银灰色而翼尖黑色，合拢时翼上可见多至5枚大小相等的白色翼镜，脚色粉红色。冬羽：头及颈背具少量深色纵纹，并且仲冬就开始换上夏羽，雪白的头部十分醒目。与黄脚银鸥区别在头及颈背冬末即开始变为全白，脚色粉红色而不是黄色。

食性：杂食性鸟类，主要以小鱼、虾、甲壳类、昆虫等小型动物为食。

繁殖习性：繁殖期4～7月，每窝2～4枚，孵化期25～27天。

分布：繁殖于蒙古北部及西伯利亚北部，以及中国东北；南方越冬。

保护等级：LC；中俄、中韩、中日。

黄腿银鸥

鸻形目 /CHARADRIIFORMES　　旅鸟 ★☆☆☆☆

英文名：Caspian Gull　　学名：*Larus cachinnans*

分类：鸻形目>鸥科

鉴别特征：体长60厘米。除翼灰色且翼尖黑色外，其余体色纯白，翼合拢时可见白色翼镜，脚黄色。与西伯利亚银鸥区别在头显圆小，脚为黄色。

食性：杂食性，以鱼、虾、昆虫等小型动物为食，有时腐食。

繁殖习性：繁殖期4～7月，每窝2～4枚，孵化期25～27天。

分布：繁殖从黑海至欧亚大陆；冬季南移至以色列、波斯湾、印度洋及东亚国家。

保护等级：LC；中俄、中韩。

普通燕鸥

鸻形目 /CHARADRIIFORMES　　旅鸟 ★☆☆☆☆

英文名：Common Tern　　学名：*Sterna hirundo*

分类：鸻形目>鸥科

鉴别特征：体长35厘米。夏羽：嘴细长而尖，头顶黑色，下体灰色而喉、胸白色。冬羽：额及头前部白，过眼线、后枕、颈背黑色。与须浮鸥区别为下体灰色（而非黑色），喉、胸白色区域较大。

食性：以小鱼、虾、甲壳类、昆虫等小型动物为食。

繁殖习性：繁殖期5～7月，每窝2～5枚，孵化期20～24天。

分布：繁殖于北美洲及古北界；冬季南迁至南美洲、非洲、印度洋、印度尼西亚及澳大利亚。

保护等级：LC；中俄、中韩、中日、中澳。

金鸻（héng）

鸻形目/CHARADRIIFORMES 旅鸟 ★☆☆☆☆
英文名：Pacific Golden Plover　学名：*Pluvialis fulva*

分类：鸻形目>鸻科

鉴别特征：体长25厘米。夏羽：上体金黄色与下体黑色间具醒目白带，腿灰色。冬羽：眉纹黄色或白色，上体具金黄色斑，下体灰具黄褐色纵纹，尤以胸纹明显。

食性：以甲虫、鞘翅目、鳞翅目和直翅目昆虫、蠕虫、小螺、软体动物和甲壳类等动物性食物为食。

繁殖习性：繁殖期6~7月，每窝产卵4~5枚，孵化期27天。

分布：繁殖在俄罗斯北部、西伯利亚北部及阿拉斯加西北部；越冬在非洲东部、印度、东南亚及马来西亚至澳大利亚、新西兰及太平洋岛屿。

保护等级：LC；中俄、中日、中新。

灰鸻（héng）

鸻形目/CHARADRIIFORMES 旅鸟 ★☆☆☆☆
英文名：Grey Plover　学名：*Pluvialis squatarola*

分类：鸻形目>鸻科

鉴别特征：体长28厘米。夏羽：上体灰白色相杂与下体黑色间具醒目白带，臀下白色。冬羽：上体灰褐色杂以白斑，耳羽具褐块，下体胸具纵纹。与金鸻区别在上体灰白色相杂（非金褐色）、臀下白色（非黑色），飞翔时可见特征性黑色腋羽。

食性：以水生昆虫、虾、螺、蟹、蠕虫、甲壳类和软体动物为食。

繁殖习性：繁殖期6~8月，每窝产卵3~4枚，孵化期27天。

分布：繁殖于全北界北部；越冬于热带及亚热带沿海地带。

保护等级：LC；中俄、中日、中澳、中韩。

斑尾塍（chéng）鹬

鸻形目/CHARADRIIFORMES　　旅鸟 ★☆☆☆☆

英文名：Bar-tailed Godwit　　学名：*Limosa lapponica*

分类：鸻形目>鹬科

鉴别特征：体长40厘米。与黑尾塍鹬区别在嘴长上翘，胸、胁及腹红色，飞翔时尾端及上背具黑色横斑，无白腰，翅翼斑狭窄。夏羽：头部延至腹部红色。冬羽：红色变为白色，头、颈部具细纵纹或灰褐色。

食性：主要以甲壳类、蠕虫、昆虫、植物种子为食。

繁殖习性：繁殖期5~7月，每窝产卵3~5枚，孵化期21天。

分布：繁殖于欧亚北部以及美国阿拉斯加州；越冬于非洲、东洋界、澳新界。

保护等级：NT；中俄、中韩、中日、中新。

黑尾塍（chéng）鹬

鸻形目/CHARADRIIFORMES　　旅鸟 ★☆☆☆☆

英文名：Black-tailed Godwit　　学名：*Limosa limosa*

分类：鸻形目>鹬科

鉴别特征：体长42厘米。夏羽：嘴形直，尖黑基部肉红色，头、颈红色，飞翔时，腰白色而尾端黑色，翼下白色。冬羽：头、颈红色变为褐色。与斑尾塍鹬区别在嘴形直，飞翔时尾端黑色。

食性：以水生和陆生昆虫、昆虫幼虫、甲壳类和软体动物为食。

繁殖习性：繁殖期5~7月，每窝产卵4枚，偶尔少3~5枚，孵化期24天。

分布：繁殖于欧亚大陆；越冬于非洲、东洋界、澳新界。

保护等级：NT；中俄、中韩、中日、中新。

小杓（sháo）鹬

鸻形目/CHARADRIIFORMES　　旅鸟　★☆☆☆☆
英文名：Little Curlew　　学名：*Numenius minutus*

分类：鸻形目>鹬科

鉴别特征：体长30厘米。嘴细长下弯，具贯眼纹、皮黄色眉纹及褐侧冠纹，飞翔时腰、尾淡黄色且具不明显横纹。与中杓鹬的区别在体形较小，嘴细长下弯小，腰无白色，喜干燥、开阔的内陆及草地，极少至沿海滩涂。

食性：啄食昆虫、小鱼、小虾、甲壳类和软体动物等，有时也吃藻类、草籽和植物种子。

繁殖习性：繁殖期6～7月，每窝产卵3～4枚，孵化期19～21天。

分布：繁殖于东北亚；冬季南迁至澳大利亚。

保护等级：二级；LC；中俄、中韩、中新。

图注：头顶"西瓜纹"与中杓鹬类似；喙长仅略长于头长；体色偏暖
摄影：袁晓

中杓（sháo）鹬

鸻形目/CHARADRIIFORMES　　旅鸟　★☆☆☆☆
英文名：Whimbrel　　学名：*Numenius phaeopus*

分类：鸻形目>鹬科

鉴别特征：体长43厘米。与大杓鹬、白腰杓鹬区别除嘴短、体形小外，具侧冠纹及黑色顶冠纹。与小杓鹬的区别在体形较大，嘴较粗长下弯，腰白色。飞翔时翼下满布细纹，下背及腰白色，尾具细密横纹。

食性：以昆虫、昆虫幼虫、蟹、螺、甲壳类和软体动物等小型无脊椎动物为食。

繁殖习性：繁殖期5～7月，每窝产卵3～5枚，孵化期24天。

分布：繁殖于欧亚北部；越冬于东南亚、澳大利亚和新西兰。

保护等级：LC；中俄、中韩、中新、中日、中澳。

图注：侧冠纹；嘴较粗长下弯
摄影：刘庆堂

白腰杓(sháo)鹬

鸻形目/CHARADRIIFORMES　旅鸟　★★☆☆☆
英文名：Eurasian Curlew　　学名：*Numenius arquata*

分类：鸻形目>鹬科

鉴别特征：体长55厘米。嘴甚长而下弯，下体颈、胸具纵纹，腹白色，飞翔时翼下白色，上背及腰白色，尾白色具横斑。与大杓鹬相似，区别在腹白色，飞翔时翼下白色，上背及腰白色，尾白色且具横斑。

食性：主要以甲壳类、软体动物、蠕虫、昆虫和昆虫幼虫为食，也啄食小鱼和蛙。

繁殖习性：繁殖期5～7月，每窝产卵3～6枚，通常4枚，孵化期28～30天。

分布：繁殖于古北界北部；冬季南迁远至印度尼西亚及澳大利亚。

保护等级：二级；NT；中俄、中韩、中日、中澳。

大杓(sháo)鹬

鸻形目/CHARADRIIFORMES　旅鸟　★☆☆☆☆
英文名：Far Eastern Curlew　　学名：*Numenius madagascariensis*

分类：鸻形目>鹬科

鉴别特征：体长63厘米。与白腰杓鹬区别在腹下红褐色，飞翔时翼下白色且满布细纹，腰红褐色，尾端具横斑，尾下覆羽色深。

食性：主要以甲壳类、软体动物、蠕虫、昆虫和昆虫幼虫为食，也啄食小鱼和蛙。

繁殖习性：繁殖期5～7月，每窝产卵4枚，孵化期28～30天。

分布：繁殖于东北亚；冬季南迁远至大洋洲。

保护等级：二级；EN；中俄、中韩、中日、中澳、中新。

半蹼鹬

鸻形目/CHARADRIIFORMES　旅鸟 ★☆☆☆☆

英文名：Asian Dowitcher　　学名：*Limnodromus semipalmatus*

分类：鸻形目 > 鹬科

鉴别特征：体长35厘米。嘴形直，黑色，喙端膨胀。夏羽：头、颈及胸赤褐色，腹白色，脚青灰色，飞翔时，下背到尾白具黑色横斑。冬羽：似夏羽，但赤褐色变为淡褐色并具细纵纹。

食性：以昆虫、昆虫幼虫、蠕虫和软体动物为食。

繁殖习性：繁殖期为5~7月。每窝产卵2~4枚，孵化期21~23天。

分布：繁殖在俄罗斯南部、蒙古和中国东北部；越冬在泰国、缅甸、印度至澳大利亚、新西兰。

保护等级：二级；NT；中俄、中韩、中新。

灰尾漂鹬

鸻形目/CHARADRIIFORMES　旅鸟 ★☆☆☆☆

英文名：Grey-tailed Tattler　　学名：*Tringa brevipes*

分类：鸻形目 > 鹬科

鉴别特征：体长25厘米。嘴粗直，嘴尖色深，眉纹白色，胸、胁具横纹，脚粗短而黄色显体形低矮，飞行时翼下全深色。与漂鹬区别眉纹于眼后清晰，上体全灰色，翼下全深色（非翼下覆羽），两者鸣叫不同。

食性：以石蛾、毛虫、水生昆虫、甲壳类和软体动物为主，有时也吃小鱼。

繁殖习性：繁殖期为6~7月，每窝产卵4枚，孵化期24天。

分布：繁殖于西伯利亚；冬季至马来西亚、澳大利亚及新西兰。

保护等级：NT；中俄、中澳、中韩、中日、中新。

大滨鹬

鸻形目/CHARADRIIFORMES　旅鸟 ★☆☆☆☆

英文名：Great Knot　学名：*Calidris tenuirostris*

分类：鸻形目>鹬科

鉴别特征：体长27厘米。夏羽：嘴黑色且厚，眉不清晰而头具细密纵纹，肩赤褐色，下体胸具密黑大斑，飞翔时腰白色。冬羽：上体赤褐色消失，下体的大斑较稀散。与红腹滨鹬区别在嘴形长粗而略显下弯，头具细密纵纹。

食性：以甲壳类、软体动物、昆虫和昆虫幼虫为食。

繁殖习性：繁殖期为6～8月，每窝产卵4枚，孵化期21天。

分布：繁殖于西伯利亚东北部；冬季至印度次大陆、东南亚、菲律宾并远至澳大利亚。

保护等级：二级；EN；中俄、中澳、中韩、中日、中新。

摄影：陈建中　摄影：张锡贤

红腹滨鹬

鸻形目/CHARADRIIFORMES　旅鸟 ★☆☆☆☆

英文名：Red Knot　学名：*Calidris canutus*

分类：鸻形目>鹬科

鉴别特征：体长24厘米。夏羽：嘴黑色且短厚，由脸侧至下腹红色，头顶有细纹，飞翔时，腰具褐横纹。冬羽：红色消失，整体显灰褐色。与大滨鹬区别在嘴形粗短，头部纵纹较散，脚黄绿色，飞翔时腰具褐横纹。

食性：以软体动物、甲壳类、昆虫等小型无脊椎动物为食，也吃部分植物嫩芽和种子与果实。

繁殖习性：繁殖期为6～8月，每窝产卵3～5枚，通常4枚，孵化期21天。

分布：繁殖于北极圈内，冬季至美洲南部、非洲、印度次大陆、澳大利亚及新西兰。

保护等级：NT；中俄、中澳、中韩、中日、中新。

摄影：陈建中　摄影：张锡贤

阔嘴鹬

鸻形目/CHARADRIIFORMES　旅鸟　★☆☆☆☆
英文名：Broad-billed Sandpiper　学名：*Calidris falcinellus*

分类：鸻形目>鹬科

鉴别特征：体17厘米。黑色嘴，嘴尖略下弯，具双眉纹。夏羽：体背赤褐色且具黑羽轴，并具"V"形白斑；腰中央黑外侧白。冬羽：似夏羽，但体背赤褐色变为灰褐色，翼角具黑色块。

食性：以甲壳类、软体动物、蠕虫和水生昆虫为食。

繁殖习性：繁殖期6～7月，每窝产卵4枚。孵化期16～17天。

分布：繁殖于北欧及西伯利亚北部；冬季在热带地区至澳大利亚。

保护等级：二级；NT；中俄、中日、中韩、中澳、中新。

红颈滨鹬

鸻形目/CHARADRIIFORMES　旅鸟　★☆☆☆☆
英文名：Red-necked Stint　学名：*Calidris ruficollis*

分类：鸻形目>鹬科

鉴别特征：体长15厘米。夏羽：嘴黑色而粗短，颈侧红褐色，胸具细纵纹，脚青绿色或黑色。冬羽：红褐色消失，体色显白，具白眉纹。脚深色，区别于长趾滨鹬、青脚滨鹬，下体仅颈红色而胸白色区别于其他脚深色型鹬。

食性：以昆虫、昆虫幼虫、蠕虫、甲壳类和软体动物为食。

繁殖习性：繁殖期为6～8月，每窝产卵通常4枚，孵化期14天。

分布：繁殖于西伯利亚北部；越冬于东南亚至澳大利亚。

保护等级：NT；中俄、中澳、中韩、中日、中新。

长趾滨鹬

鸻形目/CHARADRIIFORMES　旅鸟 ★☆☆☆☆
英文名：Long-toed Stint　　学名：*Calidris subminuta*

分类：鸻形目>鹬科

鉴别特征：体长14厘米。白眉明显，头顶红褐色，颈细长，胸、胁具细纵纹，脚及趾黄色且较长，飞翔时伸于尾外。极似小型的尖尾滨鹬，但胸、胁的纵纹较细长，不是"V"形。脚黄色区别于其他滨鹬而与青脚滨鹬相似，区别在颈长、站姿直，眉纹更明显。

食性：以昆虫、软体动物等小型无脊椎动物为食，有时也吃小鱼和部分植物种子。

繁殖习性：繁殖期为6～8月，每窝产卵通常4枚，孵化期14天。

分布：繁殖于西伯利亚；越冬于印度、东南亚、菲律宾至澳大利亚。

保护等级：LC；中俄、中日、中韩、中澳、中新。

摄影：陈建中

摄影：夏家振

尖尾滨鹬

鸻形目/CHARADRIIFORMES　旅鸟 ★☆☆☆☆
英文名：Sharp-tailed Sandpiper　　学名：*Calidris acuminata*

分类：鸻形目>鹬科

鉴别特征：体长19厘米。夏羽：眉白色，头顶红棕色，胸红褐色，胁具"V"形纵纹，脚黄色。冬羽：似夏羽，但上体红褐色变淡。与长趾滨鹬极为相似，除胸、胁的纵纹为"V"形，体形较大外，无差别。

食性：以蚊、昆虫幼虫为食，也吃小型无脊椎动物及植物种子。

繁殖习性：繁殖期为6～8月，每窝产卵通常4枚，孵化期16～17天。

分布：繁殖于西伯利亚；越冬远至新几内亚、澳大利亚及新西兰。

保护等级：LC；中俄、中日、中韩、中澳、中新。

摄影：夏家振

摄影：袁晓

弯嘴滨鹬

鸻形目/CHARADRIIFORMES 旅鸟 ★☆☆☆☆

英文名：Curlew Sandpiper　学名：*Calidris ferruginea*

分类：鸻形目＞鹬科

鉴别特征：体21厘米。夏羽：嘴黑长而下弯，通体栗红色，颏白色，腹及臀具白色横斑，飞翔时腰白色。冬羽：栗红色消失。冬羽与黑腹滨鹬相似，区别在嘴形平滑下弯，弧度大，体背较褐色且具白羽缘。

食性：以甲壳类、软体动物、蠕虫和水生昆虫为食。

繁殖习性：繁殖期为6～7月，每窝产卵通常4枚，孵化期16～17天。

分布：繁殖于西伯利亚北部；越冬至非洲、中东、印度次大陆及澳大利亚。

保护等级：NT；中俄、中日、中韩、中澳、中新。

青脚滨鹬

鸻形目/CHARADRIIFORMES 旅鸟 ★☆☆☆☆

英文名：Temminck's Stint　学名：*Calidris temminckii*

分类：鸻形目＞鹬科

鉴别特征：体长14厘米。夏羽：眉纹模糊不清，胸黄褐色且无明显纵纹，脚黄色且短而显体矮。冬羽：上体黄褐色变为灰白色并具黑羽轴。脚黄色，胸色较整齐，胁无纵纹，站姿较平，区别于其他滨鹬。

食性：以昆虫、小甲壳动物、蠕虫为食。

繁殖习性：不详。

分布：繁殖于古北界北部；冬季至非洲、中东、印度、东南亚、菲律宾及婆罗洲。

保护等级：LC；中俄、中日、中韩。

三趾滨鹬

鸻形目 /CHARADRIIFORMES　　旅鸟　★☆☆☆☆
英文名：Sanderling　　学名：*Calidris alba*

分类：鸻形目＞鹬科

鉴别特征：体19~21厘米。具黑色羽片但整体偏白色，肩羽部分呈黑色块，脚黑色，无后趾，飞行时翼上具白色宽纹。夏羽时上体具赤褐色斑，冬羽赤褐色消失而整体偏白。

食性：以甲壳类、软体动物、蚊类和其他昆虫幼虫、蜘蛛等小型无脊椎动物为食，有时也吃少量植物种子。

繁殖习性：繁殖期为6~8月，每窝产卵3~4枚，孵化期23~24天。

分布：繁殖于全北界，越冬于非洲、中国南部、东南亚和澳大利亚。

保护等级：LC；中俄、中日、中韩、中澳、中新。

黑腹滨鹬

鸻形目 /CHARADRIIFORMES　　旅鸟　★☆☆☆☆
英文名：Dunlin　　学名：*Calidris alpina*

分类：鸻形目＞鹬科

鉴别特征：体19厘米。夏羽：嘴黑色，嘴端下弯，眉纹白色，腹具黑色大块斑。冬羽：黑色腹部褪去变为白色，胸具细纵纹。冬羽与弯嘴滨鹬区别在嘴端处下弯而不是嘴平滑下弯，体背较淡灰色，无白羽缘。

食性：以甲壳类、软体动物、蠕虫、昆虫等各种小型无脊椎动物为食。

繁殖习性：繁殖期为5~8月，每窝产卵通常4枚，孵化期21~22天。

分布：繁殖于全北界北部；越冬于北美南部、非洲、欧亚南部。

保护等级：LC；中俄、中日、中韩、中澳、中新。

翻石鹬

鸻形目 /CHARADRIIFORMES　旅鸟　★☆☆☆☆
英文名：Ruddy Turnstone　　学名：*Arenaria interpres*

分类：鸻形目>鹬科
鉴别特征：体23厘米。嘴短黑色，头及胸具特殊易辨的黑色斑纹，飞行时翼上具醒目的黑白色图案。
食性：以沙蚕、螃蟹等小动物为食。
繁殖习性：繁殖期为6~8月，每窝产卵3~5枚，孵化期21天。
分布：繁殖于全北界纬度较高地区；冬季南迁至南美洲、非洲至澳大利亚、新西兰。
保护等级：二级；LC；中俄、中日、中韩、中澳、中新。

夏羽　特殊易辨的黑色斑纹　摄影：陈建中

冬羽　特殊易辨的黑色斑纹　摄影：陈建中

翘嘴鹬

鸻形目 /CHARADRIIFORMES　旅鸟　★☆☆☆☆
英文名：Terek Sandpiper　　学名：*Xenus cinereus*

分类：鸻形目>鹬科
鉴别特征：体23厘米。夏羽：嘴长上翘且嘴尖色深，肩部具黑色条带，脚短黄色而显体形矮小；飞翔时次级飞羽边缘白色。冬羽：肩部黑色条带不清晰或消失。
食性：以甲壳类、软体动物、蠕虫、昆虫和昆虫幼虫等小型无脊椎动物为食。
繁殖习性：繁殖期为5~7月，每窝产卵3~5枚，通常为4枚，孵化期21天。
分布：繁殖于欧亚大陆北部；冬季南移远至澳大利亚和新西兰。
保护等级：LC；中俄、中日、中韩、中澳、中新。

嘴长上翘　肩部黑色条带　摄影：袁晓

嘴长上翘　肩部黑色条带　摄影：袁晓

黄嘴白鹭

鹈形目 / PELECANIFORMES　　夏候鸟　★★☆☆☆
英文名：Chinese Egret　　学名：*Egretta eulophotes*

分类：鹈形目 > 鹭科

鉴别特征：体长68厘米。夏羽：嘴黄色，脚黑趾黄，头具多丛饰羽，脸部裸露皮肤蓝色。冬羽：嘴黑色而下嘴基部黄色，脚、趾黄绿色。与白色型鹭夏羽区别在头具多丛饰羽，冬羽嘴具双色。

食性：以各种小型鱼类为食，也吃虾、蟹、蝌蚪和水生昆虫等动物性食物。

繁殖习性：繁殖期为5~7月，每窝产卵2~4枚，孵卵期24~26天。

分布：繁殖于中国山东和辽宁沿海岛屿，以及朝鲜半岛沿海岛屿；越冬主要在菲律宾，极少至马来群岛和中南半岛。

保护等级：一级；VU；中俄、中韩。

第 6 章　其他鸟类

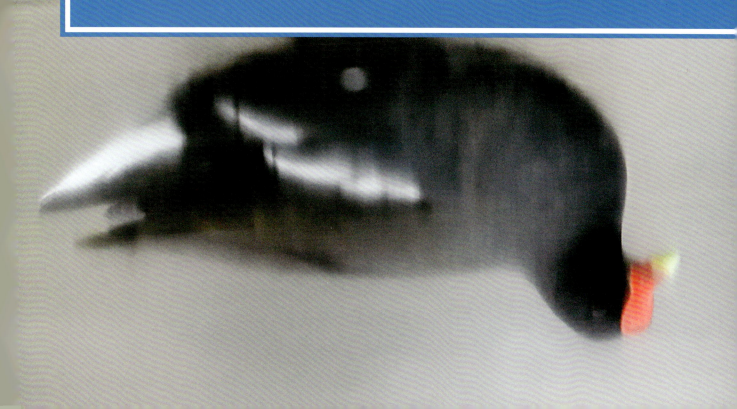

除海鸟和滨海水鸟外，在长岛各岛的水库、池塘和蓄水池中，以及春秋季迁徙时期，还可见少量的淡水水鸟。其中，雁形目主要包括各种雁鸭类，全球共168种，中国58种，长岛记录有38种，但大多数仅为春秋季迁徙过境的偶见个体；在长岛停留时间较长的雁鸭类包括绿头鸭、斑嘴鸭和普通秋沙鸭等，其中，普通秋沙鸭以鱼类为食，其他淡水鸭类则以植物性食物为食。

䴙䴘目全球共20种，中国5种，长岛都有记录，但仅小䴙䴘较为常见，可见于几个较大的水库；䴙䴘体形似雁鸭，但脚蹼为瓣状而非全蹼，以潜水捕鱼为生。鹤形目在长岛主要为秧鸡科的种类，秧鸡科全球共149种，中国有20种，长岛记录有9种，但仅白骨顶和黑水鸡较为常见，见于主要水库和池塘。鹳形目全球20种，中国7种，长岛仅可见东方白鹳和黑鹳2种，为旅鸟；鹳类似鹤类，但以动物性食物为主，并且停息于树上，不会鸣叫，靠敲击上下喙发声。鹈形目中，除了黄嘴白鹭，长岛还可见到迁徙过境的鹮科的白琵鹭及鹭科的白鹭、大白鹭、苍鹭、池鹭等；鹭科主要在水边采取守株待兔的方式捕食，而白琵鹭则成群在浅水中左右摆动喙部取食。

长岛保护区的陆生鸟类主要以雀形目为主。雀形目又称鸣禽，多数种类在春季可以发出优美的鸣唱。雀形目种类多样，既有以昆虫和其他节肢动物为主食的鹟科和柳莺科等类群，也有以果实为主食的鹎科和黄鹂科、可取食花蜜的绣眼鸟科、可捕食其他鸟类和啮齿类的伯劳科、以草籽为主食的鹀科、以坚果为主食的燕雀科等。长岛记录有157种雀形目鸟类，占全部鸟种数的42.4%，多数为迁徙过境个体，夏候鸟种类并不多，但包括山鹡鸰、黑枕黄鹂等典型的林栖鸟类，以及三道眉草鹀、中华攀雀、远东树莺等灌草丛生境的鸟类，以及蓝矶鸫等在沿岸峭壁筑巢的种类。

长岛保护区冬候鸟种类也不多，包括小太平鸟和红尾斑鸫等，比较有特色的是栗耳短脚鹎。留鸟种类也较少，大陆常见的灰喜鹊和乌鸫等也不多见。迁徙期，雀形目种类和数量均很多。犀鸟目在长岛仅戴胜1种；戴胜以蚯蚓为主食，所以喜好土壤较湿润、树木较稀疏的林地。佛法僧目在长岛3种，包括擅长在空中追捕飞虫的三宝鸟，以及2种翠鸟。鹃形目主要包括各种杜鹃，在长岛记录有7种；最著名的习性就是巢寄生，是少数可大量取食毛虫的鸟类类群，对于森林极为有益；此外，各种鹃类行踪隐秘，且外貌近似，难以辨认，但每种的叫声都极其独特，极易通过叫声来调查。夜鹰目包括夜鹰和雨燕，擅长空中快速飞行追捕飞虫的类群，有巨大的嘴裂和狭长的翅膀；雨燕类在白天活动，夜鹰类在夜间活动；长岛记录有4种，白腰雨燕是长岛夏季最常见的鸟类之一。

啄木鸟目因其凿洞的能力，是北方森林中的基石物种，可以为多种次级洞巢鸟提供居所，在长岛却极其罕见；仅蚁䴕在每年春秋季迁徙路过长岛，棕腹啄木鸟和灰头绿啄木鸟偶见。鸽形目包括各种鸠类和鸽类，在长岛记录有6种，其中，山斑鸠最为常见，栖息于林地。由于长岛与大陆隔绝，鸡形目在长岛仅记录1种，即具有迁徙习性的鹌鹑。

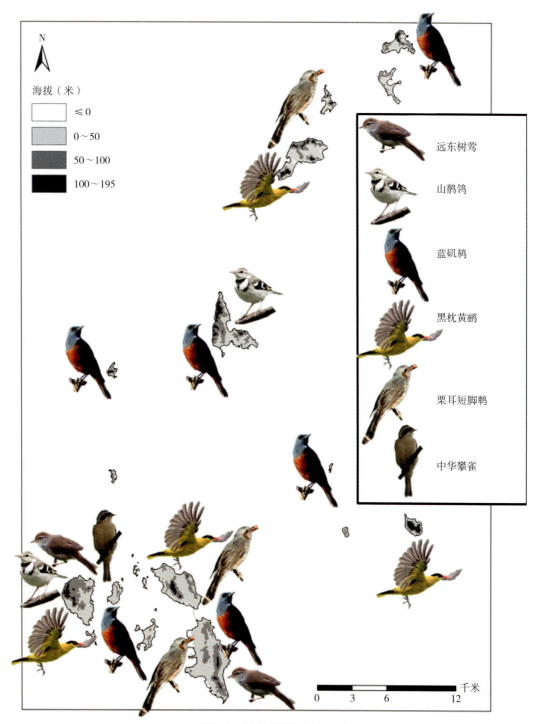

图6-1 长岛主要林鸟观察地点

长岛有记录的其他鸟类共279种,其中,水鸟6目96种,包括雁形目32种、鹲鹳目5种、鸻形目28种、鹤形目14种、鹳形目2种、鹈形目15种;陆鸟9目183种,包括鸡形目1种、鸽形目6种、鸮形目1种、鹃形目7种、夜鹰目4种、犀鸟目1种、佛法僧目3种、啄木鸟目3种、雀形目157种。

本章整理了其他鸟类203种的图片和文字说明,其中,水鸟71种,包括雁形目29种、鹲鹳目2种、鹤形目6种、鲣鸟目1种、鸻形目21种、鹳形目2种、鹈形目10种等;陆鸟132种,包括鸡形目1种、鸽形目4种、夜鹰目3种、鹃形目7种、犀鸟目1种、佛法僧目3种、啄木鸟目2种、雀形目111种等。

灰雁

雁形目 / ANSERIFORMES　　旅鸟 ★☆☆☆☆
英文名：Greylag Goose　　学名：*Anser anser*

分类：雁形目＞鸭科

鉴别特征：体长76厘米。嘴和脚粉红色，嘴基无白色。上体体羽灰色而羽缘白色，胸浅烟褐色，尾上及尾下覆羽均白色。飞行中浅色的翼前区与飞羽的暗色成对比。

食性：以各种水生、陆生植物的叶、根、茎、嫩芽、果实和种子为食，有时也吃螺、虾、昆虫等动物。

繁殖习性：4月初至4月末产卵，通常1天1枚，每窝产卵4~6枚，孵化期27~29天。

分布：繁殖区于欧亚中部，西部；越冬于欧洲中部，非洲北部、中亚、南亚和东亚；在中国主要越冬于长江中下游流域。

保护等级：LC；中俄、中日、中韩。

嘴粉红色
摄影：赵凯

鸿雁

雁形目 / ANSERIFORMES　　旅鸟 ★☆☆☆☆
英文名：Swan Goose　　学名：*Anser cygnoides*

分类：雁形目＞鸭科

鉴别特征：体大88厘米。成鸟：嘴黑色，嘴基具白色狭线，后颈棕褐色，前颈白色，两者界线分明，尾端白色，具宽黑色次端带。亚成鸟：似成鸟，但嘴基白色狭线不明显或无。

食性：以草本植物叶、芽和水生植物、藻类等为食，繁殖时也吃少量甲壳类和软体动物。

繁殖习性：繁殖期为4~6月，28~30天，产卵4~8枚，多为5~6枚。

分布：繁殖区为蒙古高原及东北亚；越冬于中国东南部；主要为长江中下游流域。

保护等级：二级；VU；中俄、中日、中韩。

颈部前白后棕界线明显
摄影：赵凯

豆雁

雁形目 / ANSERIFORMES 旅鸟 ★☆☆☆☆
英文名：Bean Goose　　学名：*Anser fabalis*

分类：雁形目 > 鸭科

鉴别特征：体长 80 厘米。嘴黑色且具橘黄色次端带，脚橘黄色。与短嘴豆雁（由豆雁亚种提升为种）区别为豆雁嘴稍细长，体形较大，额较平直。

食性：以植物性食物为食。繁殖季也吃植物果实与种子和少量动物性食物。

繁殖习性：5月末至6月中旬产卵，一年繁殖一窝，每窝产卵3~8枚，多数为3~4枚，孵化期25~29天。

分布：繁殖区于欧亚北部的泰加林地区；越冬于中国东南部，欧洲中部。

保护等级：LC；中俄、中日、中韩。

摄影：单凯

短嘴豆雁

雁形目 / ANSERIFORMES 旅鸟 ★☆☆☆☆
英文名：Tundra Bean Goose　　学名：*Anser serrirostris*

分类：雁形目 > 鸭科

鉴别特征：体长 80 厘米。成鸟：嘴黑色且具橘黄色次端带，脚橘黄色；翼褐色且具白羽缘，颈淡棕褐色且具暗纵纹，腹白色，胁具黑色横纹，尾白色，具宽黑色次端带。亚成鸟：似成鸟，但嘴基常具白色狭线。

食性：以植物性食物为食，繁殖季也吃植物果实与种子和少量动物性食物。

繁殖习性：5月末至6月中旬产卵，一年繁殖一窝，每窝产卵3~8枚，多数为3~4枚，孵化期25~29天。

分布：繁殖区于北极苔原地带；越冬于日本、朝鲜半岛、中国东南部、欧洲中部。

保护等级：NE；中俄、中日、中韩。

摄影：赵凯

白额雁

雁形目 / ANSERIFORMES 旅鸟 ★☆☆☆☆
英文名：White-fronted Goose 学名：*Anser albifrons*

分类：雁形目 > 鸭科

鉴别特征：体长80厘米。成鸟：嘴粉红色或黄色，嘴基及额具白色环斑，无黄色眼圈，胸、腹白色，具不规则黑斑块，两胁具褐色细横纹，脚橘黄。亚成鸟：似成鸟，但嘴基及额的白色环斑不明显，腹部黑斑不明显。

食性：以植物性为食。夏季主要为马尾草、棉花草等苔原植物，秋、冬季则主要以水边植物，如芦苇、三棱草以及其他植物的嫩芽和根、茎，也吃农作物幼苗。

繁殖习性：5月中下旬到达繁殖地，6月中旬产卵，1天1枚，通常4～5枚，孵化期26～28天。

分布：繁殖于北半球的苔原冻土带；越冬于温带的农田。

保护等级：二级；LC；中俄、中日、中韩。

摄影：赵凯

小白额雁

雁形目 / ANSERIFORMES 旅鸟 ★☆☆☆☆
英文名：Lesser White-fronted Goose 学名：*Anser erythropus*

分类：雁形目 > 鸭科

鉴别特征：体长62厘米。成鸟：嘴短而粉红色，眼圈黄色，白斑由嘴基延长至前额，胸、腹白，具不规则黑斑块，两胁具褐色细横纹，脚橘黄色。亚成鸟：似成鸟，但嘴基及额的白色环线不明显，腹部黑斑不明显。

食性：以绿色植物的茎叶和植物种子为食。

繁殖习性：5月中下旬到达繁殖地，6月初产卵，6～7月繁殖，每窝产卵4～7枚，通常4～5枚，孵化期25天。

分布：繁殖于欧亚大陆北部；越冬于欧洲东南部和中国东部。

保护等级：二级；VU；中俄、中日、中韩。

摄影：胡云程

疣（yóu）鼻天鹅

雁形目/ANSERIFORMES 旅鸟 ★☆☆☆☆
英文名：Mute Swan　　学名：*Cygnus olor*

分类：雁形目＞鸭科

鉴别特征：体长150厘米。雄鸟：嘴赤红，眼先及嘴基黑色，前额有黑色疣突，全身白。雌鸟：似雄鸟，但疣突不明显。亚成鸟：嘴灰紫色，全身绒灰色或污白色，颈侧有时沾棕黄色。游水时两翼常高拱。

食性：以水生植物为食，也吃水藻和小型水生动物，偶尔吃软体动物和昆虫及小鱼。

繁殖习性：繁殖期为3～5月，每窝产卵4～9枚，通常5～6枚，孵化期35～36天。

分布：繁殖于欧洲至亚洲中部；越冬于非洲北及印度北部、朝鲜、日本和中国长江中下游以南。

保护等级：二级；LC；中俄、中韩。

摄影：刘月良

小天鹅

雁形目/ANSERIFORMES 旅鸟 ★☆☆☆☆
英文名：Tundra Swan　　学名：*Cygnus columbianus*

分类：雁形目＞鸭科

鉴别特征：体长140厘米。成鸟：雌、雄同色，全身白色，眼先及嘴基黄色不及鼻孔，嘴尖黑色，颈显粗短，头侧显圆。亚成鸟：同成鸟，但嘴黄色部分青灰色，体色多灰色。

食性：以水生植物的根茎和种子等为食，也兼食少量水生昆虫、蠕虫、螺类和小鱼。

繁殖习性：繁殖期为5～6月，每窝产卵5～7枚，孵化期29～30天。

分布：繁殖于欧亚，北美北部；越冬于欧亚南部及北美南部和中部。

保护等级：二级；LC；中俄、中日、中韩。

摄影：赵凯

大天鹅

雁形目/ANSERIFORMES　　旅鸟　★☆☆☆☆
英文名：Whooper Swan　　学名：*Cygnus cygnus*

分类：雁形目>鸭科

鉴别特征：体长150厘米。成鸟：雌、雄同色，全身白色，眼先及嘴基黄色延伸至鼻孔以下，嘴尖黑色，颈显瘦长。亚成鸟：同成鸟，但嘴黄色部分青灰色，体色多灰色。

食性：以水生植物的根茎和种子等为食，也兼食少量水生昆虫、蠕虫、螺类和小鱼。

繁殖习性：繁殖期为5~6月，每窝产卵4~6枚，孵化期31天或35~40天。

分布：繁殖于欧亚大陆北部；越冬于欧洲西部、中国东部。

保护等级：二级；LC；中俄、中日、中韩。

眼先及嘴基黄色并近鼻孔
摄影：刘月良

翘鼻麻鸭

雁形目/ANSERIFORMES　　冬候鸟　★★☆☆☆
英文名：Common Shelduck　　学名：*Tadorna tadorna*

分类：雁形目>鸭科

鉴别特征：体长60厘米。雄鸟：嘴红色且上翘，嘴基具隆起肉瘤，头、颈绿黑色，胸具一栗色横带，腹中央具绿黑纵纹，其余体白色。雌鸟：似雄鸟，但嘴基无隆起肉瘤。亚成鸟：嘴暗红色，脸侧有白色斑块。

食性：以水生昆虫、软体动物、陆栖昆虫、小鱼等动物为食，也吃植物叶片、嫩芽和种子等植物性食物。

繁殖习性：繁殖期为5~7月，每窝产卵7~12枚，通常8~10枚，孵卵期27~29天。

分布：繁殖于欧洲西部至中国东北部；越冬于非洲北部及印度北部、中国南部。

保护等级：LC；中俄、中日、中韩。

雌鸟　无隆起肉瘤
摄影：赵凯

雄鸟　嘴基具隆起肉瘤　嘴红色且上翘
摄影：赵凯

赤麻鸭

雁形目 / ANSERIFORMES　　旅鸟 ★☆☆☆☆
英文名：Ruddy Shelduck　　学名：*Tadorna ferruginea*

分类：雁形目>鸭科

鉴别特征：体长63厘米。雄鸟：全身黄褐色，头黄白色，具黑色颈环，飞翔时白色的翼及黑色的飞羽对比明显。雌鸟：似雄鸟，但颈无黑色颈环。嘴黑色。

食性：以水生植物、农作物幼苗，谷物等物为食，也吃软体动物和小鱼等动物性食物。

繁殖习性：繁殖期为4～6月，窝卵数6～12枚，多为8～10枚，孵化期27～30天。

分布：繁殖区于欧洲南部至亚洲中部，非洲西北部和埃塞俄比亚；越冬于非洲北部，南亚、东南亚、东亚。

保护等级：LC；中俄、中日、中韩。

摄影：赵凯

鸳(yuān)鸯(yāng)

雁形目 / ANSERIFORMES　　旅鸟 ★★☆☆☆
英文名：Mandarin Duck　　学名：*Aix galericulata*

分类：雁形目>鸭科

鉴别特征：体长40厘米。雄鸟：嘴红色，羽色艳丽，头具长羽冠，眼周白色，眼后具白色宽眉纹，翅具栗黄色扇状直立羽。雌鸟：嘴灰色，嘴基白色，无羽冠及扇状直立羽，白眼圈延至眼后，胸、胁具点状纵纹。

食性：杂食性，繁殖季节以动物性食物为主，其他季节食用植物、各种昆虫和鱼、蛙、蜘蛛等动物。

繁殖习性：5月末产卵，每窝产7～12枚，孵化期28～29天。

分布：繁殖于西伯利亚东南部、朝鲜半岛及日本和中国东部；越冬于中国东南部。

保护等级：二级；LC；中俄、中韩。

摄影：赵凯

摄影：赵凯

赤膀鸭

雁形目 / ANSERIFORMES　　旅鸟 ★☆☆☆☆
英文名：Gadwall　　学名：*Mareca strepera*

分类：雁形目 > 鸭科

鉴别特征：体长 50 厘米。雄鸟：嘴黑色，头侧白色，颈胸棕色且具细密点斑，上体肩羽赤褐色，飞翔时可见翼镜内黑外白，中覆羽赤红色，脚橙黄色。雌鸟：嘴侧橘黄色，嘴中灰色，下体胸、胁具棕色扇贝形羽缘，腹棕白色。

食性：以水生植物为主，也常到岸边觅食青草、草籽、浆果和谷粒。

繁殖习性：繁殖期为 5~7 月，每窝产卵 8~12 枚，通常 10 枚，孵化期 26 天。

分布：繁殖于北美、欧亚；越冬于中美、非洲、远东北部。

保护等级：LC；中俄、中日、中韩。

罗纹鸭

雁形目 / ANSERIFORMES　　旅鸟 ★☆☆☆☆
英文名：Falcated Duck　　学名：*Mareca falcata*

分类：雁形目 > 鸭科

鉴别特征：体长 50 厘米。雄鸟：嘴黑色，额具小白斑，脸侧绿色并后延成冠羽，喉白色，具黑色颈环，体羽白色，满布细纹，三级飞羽长而弯曲。雌鸟：与其他雌鸭区别在眼周较深暗，两胁具扇贝形纹及绿色翼镜。

食性：以植物性食物为主，偶尔也吃软体动物、甲壳类等无脊椎动物。

繁殖习性：繁殖期为 5~7 月，每窝产卵 6~10 枚，通常 8 枚，孵化期 24~29 天。

分布：繁殖于蒙古、西伯利亚东部和中国东北；越冬于印度北部至中国南部、东部及朝鲜半岛和日本。

保护等级：NT；中俄、中日、中韩。

赤颈鸭

雁形目 / ANSERIFORMES　　旅鸟 ★☆☆☆☆
英文名：Eurasian Wigeon　　学名：*Mareca penelope*

分类：雁形目＞鸭科
鉴别特征：体长47厘米。雄鸟：额至头顶黄白色与红褐色的头、颈对比明显。雌鸟：嘴灰色且尖黑色，眼周污灰色。
食性：以植物性食物为主，常成群在水边浅水处或岸上觅食，也吃少量动物性食物。
繁殖习性：繁殖期为5～7月，每窝产卵7～11枚，一般8～9枚，孵化期22～25天。
分布：繁殖于欧亚大陆北部；越冬于非洲、远东北部。
保护等级：LC；中俄、中日、中韩。

绿头鸭

雁形目 / ANSERIFORMES　　旅鸟 ★★★☆☆
英文名：Mallard　　学名：*Anas platyrhynchos*

分类：雁形目＞鸭科
鉴别特征：体长58厘米。雄鸟：嘴黄绿色，头及颈深绿色，具白颈环，胸栗色，尾外侧白色，尾上覆羽黑色并上卷，飞翔时，具蓝色翼镜且外缘白色。雌鸟区别于其他雌鸭在嘴外侧橙黄色而中间黑色，体背显棕色。
食性：以植物性食物为主，也吃软体动物、甲壳类、水生昆虫等动物性食物。
繁殖习性：繁殖期为4～6月，每窝产卵7～11枚，孵化期24～27天。
分布：繁殖于北美洲、欧亚；越冬于墨西哥，非洲北部、澳新界、远东北部。
保护等级：LC；中俄、中日、中韩。

斑嘴鸭

雁形目 / ANSERIFORMES　　旅鸟 ★★★☆☆
英文名：Chinese Spot-billed Duck　　学名：*Anas zonorhyncha*

分类：雁形目 > 鸭科

鉴别特征：体长60厘米。雌雄相同，嘴黑色而端黄色，嘴尖具黑点，具白眉及黑色贯眼纹，白色三级飞羽停栖时明显可见。

食性：以植物性食物为主，也吃谷物种子、昆虫、软体动物等动物性食物。

繁殖习性：繁殖期为5~7月，通常9~10枚，孵化期24天。

分布：繁殖于中国，东南亚；越冬于亚洲东南部。

保护等级：LC；中俄、中韩。

嘴黑色而端黄色
摄影：赵凯

针尾鸭

雁形目 / ANSERIFORMES　　旅鸟 ★☆☆☆☆
英文名：Northern Pintail　　学名：*Anas acuta*

分类：雁形目 > 鸭科

鉴别特征：体长55厘米。雄鸟：嘴蓝灰色，颈侧白带延至头后，尾羽黑色，中央尾羽细长。雌鸟：区别于其他雌鸭在嘴蓝灰色，尾形尖，头显大而颈细长。

食性：以植物性食物为主，也到农田觅食谷粒，繁殖期多以水生无脊椎动物为食。

繁殖习性：繁殖期为4~6月，每窝产卵6~11枚，孵化期21~23天。

分布：繁殖于北美洲及欧亚；越冬于中美、非洲及东洋界。

保护等级：LC；中俄、中日、中韩。

雄鸟　颈侧白带延至头后
摄影：赵凯

雌鸟　头显大而颈细长　尾形尖
摄影：赵凯

绿翅鸭

雁形目 / ANSERIFORMES　　旅鸟 ★☆☆☆☆

英文名：Eurasian Teal　　学名：*Anas crecca*

分类：雁形目＞鸭科

鉴别特征：体长37厘米。雄鸟：头、颈栗红色，眼周具绿色带斑，翅外缘具白斑块，臀下具黄斑。雌鸟：与其他雌鸭区别在嘴淡黄色，嘴端色深且稍上翘，体形小。

食性：以植物性食物为主，特别是水生植物种子和嫩叶，也食甲壳类、软体动物等小型无脊椎动物。

繁殖习性：繁殖期为5～7月，每窝产卵8～11枚，孵化期21～23天。

分布：繁殖于欧亚、北美洲；越冬于欧洲中部和南部，非洲北部，亚洲中部、南部和东部。

保护等级：LC；中俄、中日、中韩。

琵嘴鸭

雁形目 / ANSERIFORMES　　旅鸟 ★☆☆☆☆

英文名：Northern Shoveler　　学名：*Spatula clypeata*

分类：雁形目＞鸭科

鉴别特征：体长50厘米。匙形嘴特长，易区别于其他鸭类。雄鸟：头深绿色，下体白色，腹部具栗色斑块；飞行时浅灰蓝色的翼上覆羽与绿色翼镜成对比。雌鸟：嘴黄褐色，体背暗褐色，下体满布棕色羽斑。

食性：主要以动物性食物为食，也食水藻、草籽等植物性食物。

繁殖习性：繁殖期为5～7月，每窝产卵7～13枚，一般10枚，孵化期22～28天。

分布：繁殖于北美洲、欧亚；越冬于中美、非洲、远东。

保护等级：LC；中俄、中澳、中日、中韩。

白眉鸭

雁形目 /ANSERIFORMES　　旅鸟 ★☆☆☆☆
英文名：Garganey　　学名：*Spatula querquedula*

分类：雁形目>鸭科

鉴别特征：体长40厘米。雄鸟：嘴黑色，头具宽阔的白色眉纹，体背具形长的肩羽，胁具白细纹，腹白色。雌鸟：嘴黑色，白眉显整个头部白，具褐色贯眼纹。

食性：以水生植物为食，也到岸边觅食青草、谷物，春夏季节也吃软体动物、甲壳类和昆虫等水生动物。

繁殖习性：繁殖期为5~7月，每巢产卵8~12枚，孵化期21~24天。

分布：繁殖于欧亚；越冬于非洲西部、中部和亚洲。

保护等级：LC；中俄、中澳、中日、中韩。

雄鸟 — 宽阔的白色眉纹　摄影：袁晓

雌鸟 — 白眉显整个头部白　摄影：赵凯

花脸鸭

雁形目 /ANSERIFORMES　　旅鸟 ★☆☆☆☆
英文名：Baikal Teal　　学名：*Sibirionetta formosa*

分类：雁形目>鸭科

鉴别特征：体长42厘米。雄鸟：嘴灰黑色，脸具绿、黄组成的花斑，胸具密点斑，腹白色。雌鸟：区别于其他雌鸭在头部显白，具白色月牙形斑块及嘴基白点斑。

食性：以各类水生植物的芽、嫩叶、果实和种子为食，也食软体动物等小型无脊椎动物。

繁殖习性：在西伯利亚繁殖，繁殖期为5~7月，每窝产卵6~9枚，孵化期21~28天。

分布：繁殖于西伯利亚东部；越冬于中国东南部，日本。

保护等级：二级；LC；中俄、中日、中韩。

雄鸟 — 脸具绿、黄组成的花斑　摄影：赵凯

雌鸟 — 白色月牙形斑　嘴基白点斑　摄影：赵凯

红头潜鸭

雁形目 /ANSERIFORMES　　旅鸟 ★☆☆☆☆
英文名：Common Pochard　　学名：*Aythya ferina*

分类：雁形目>鸭科

鉴别特征：体长46厘米。雄鸟：嘴黑色且具灰白色次端斑，头、颈红色，胸黑色，体背及胁具细密白斑纹，腹白色。雌鸟：头、颈棕色，脸侧显淡并具白色外缘。

食性：食物主要为水藻、水生植物、青草和草籽，春夏季也觅食软体动物、水生昆虫等动物。

繁殖习性：繁殖期为4~6月，每窝产卵6~9枚，一般8枚，孵化期24~26天。

分布：繁殖于欧洲西部至亚洲中部和中国北部；越冬于非洲，远东北部。

保护等级：VU；中俄、中日、中韩。

白眼潜鸭

雁形目 /ANSERIFORMES　　旅鸟 ★☆☆☆☆
英文名：Ferruginous Duck　　学名：*Aythya nyroca*

分类：雁形目>鸭科

鉴别特征：体长41厘米。雄鸟：虹膜白色，头、颈、胸及两胁浓栗色，上体黑褐色，腹及尾下覆羽白色；飞行时，飞羽具白色翼带及黑色后缘。雌鸟：似雄鸟，但虹膜褐色，体棕褐色。

食性：以植物性食物为主，也食甲壳类、软体动物、水生昆虫及其幼虫、蠕虫以及蛙和小鱼等。

繁殖习性：繁殖期为4~6月，每窝产卵7~11枚，孵化期25~28天。

分布：繁殖于欧洲西部和非洲西北部至亚洲中部；越冬于非洲。

保护等级：NT；中俄。

凤头潜鸭

雁形目 /ANSERIFORMES　　旅鸟　★☆☆☆☆
英文名：Tufted Duck　　学名：*Aythya fuligula*

分类：雁形目＞鸭科

鉴别特征：体长42厘米。雄鸟：嘴灰尖黑，眼黄色，具冠羽，头、颈紫黑色，上体黑褐色，下体腹部及体侧白色，尾下覆羽黑色。雌鸟：整体看棕褐色，具凤头，嘴基具白色斑，有的个体尾下覆羽具白斑。

食性：以虾、蟹、蛤、水生昆虫、小鱼、蝌蚪等动物为食，有时也吃少量水生植物。

繁殖习性：繁殖期为5～7月，每窝产卵6～13枚，一般8～10枚，孵化期23～25天。

分布：繁殖于欧亚大陆；越冬于非洲、远东北部。

保护等级：LC；中俄、中日、中韩。

斑背潜鸭

雁形目 /ANSERIFORMES　　旅鸟　★☆☆☆☆
英文名：Greater Scaup　　学名：*Aythya marila*

分类：雁形目＞鸭科

鉴别特征：体长48厘米。雄鸟：与头部显青色或黑色的潜鸭相似，区别在体背具白色细纹。雌鸟：与凤头潜鸭相似，区别在无明显冠羽，且嘴基具明显大块白斑。

食性：杂食性，主食甲壳类、软体动物等水生动物，也吃水藻、水生植物叶、茎、种子等。

繁殖习性：繁殖期为5～7月，每窝产卵7～10枚，孵化期27～28天。

分布：繁殖于北美洲、欧亚大陆；越冬于欧洲西北部至日本、朝鲜至中国东部和中国台湾。

保护等级：LC；中俄、中日、中韩。

斑头秋沙鸭

雁形目/ANSERIFORMES 旅鸟 ★☆☆☆☆
英文名：Smew　　学名：*Mergellus albellus*

分类：雁形目>鸭科

鉴别特征：体长40厘米。雄鸟：除眼下具黑色斑块（熊猫眼），上体余部色白色。雌鸟：头顶栗红色，眼周黑色，喉及脸侧白色，时易于小䴙䴘、角䴙䴘混，但嘴形差别大，眼周黑色。许多书中名为白秋沙鸭。

食性：觅取甲壳类、水生半翅目、鞘翅目昆虫，小鱼，蛙等食物。

繁殖习性：繁殖期为5～7月，每窝产卵6～9枚，孵化期28天。

分布：繁殖于欧亚大陆至堪察加半岛；越冬于欧洲西部至亚洲中部、日本、朝鲜半岛和中国东南部。

保护等级：二级；LC；中俄、中日、中韩。

普通秋沙鸭

雁形目/ANSERIFORMES 冬候鸟 ★★☆☆☆
英文名：Common Merganser　　学名：*Mergus merganser*

分类：雁形目>鸭科

鉴别特征：体长68厘米。雄鸟：嘴红色且细长尖带钩，头绿黑色而与白颈分界明显，枕后具短冠羽，飞行时次级飞羽及翼覆羽白色。雌鸟：颏白色，头棕褐色并与白颈有明显界线。

食性：食性以鱼、虾、水生昆虫等动物性食物为主，亦采食少量的水生植物。

繁殖习性：繁殖期为5～7月，每窝产卵8～13枚，孵化期32～35天。

分布：繁殖于北美洲北部和欧亚大陆；越冬于美国南部和中国中东部。

保护等级：LC；中俄、中日、中韩。

赤嘴潜鸭

雁形目 /ANSERIFORMES　　旅鸟 ★☆☆☆☆
英文名：Red-crested Pochard　　学名：*Netta rufina*

分类：雁形目＞鸭科

鉴别特征：体长55厘米。雄鸟：红色的嘴及头部与黑色的颈、胸对比明显，两胁白色，臀下黑色；飞翔时翼具白色宽带。雌鸟：头顶黑褐色而脸侧及喉白色。

食性：以水藻、眼子菜等水生植物嫩芽、茎、种子为食，有时到岸上觅食青草、禾本科植物种子与草籽。

繁殖习性：繁殖期为4～6月，每窝产卵6～12枚，孵化期26～28天。

分布：繁殖于欧洲中部、南部至中国北部；越冬于非洲北部和亚洲南部。

保护等级：LC；中俄、中韩。

小䴙（pì）䴘（tī）

䴙䴘目 /PODICIPEDIFORMES　　旅鸟 ★★★☆☆
英文名：Little Grebe　　学名：*Tachybaptus ruficollis*

分类：䴙䴘目＞䴙䴘科

鉴别特征：体长27厘米。夏羽：嘴黑色而嘴基黄白色，眼黄色，喉及前颈偏红色，头顶及颈背深灰褐色。冬羽：嘴肉黄色而上嘴缘黑色，眼色淡，喉白色，颊、颈侧棕黄色，背部褐灰色。

食性：以各种小型鱼类、虾、软体动物等动物为主，偶食水草等少量水生植物。

繁殖习性：繁殖期为4～6月，每窝产卵6～7枚，孵化期20～23天。

分布：非洲、欧亚大陆及印度、中国等广泛分布。

保护等级：LC；中俄、中韩。

凤头䴙(pì)䴘(tī)

䴙䴘目 /PODICIPEDIFORMES 旅鸟 ★★☆☆☆

英文名：Great Crested Grebe 学名：*Podiceps cristatus*

分类：䴙䴘目＞䴙䴘科

鉴别特征：体长50厘米。夏羽：嘴细长而尖，头顶黑色，具黑色羽冠，眼红色，脸侧白色，后部具放射状红羽。冬羽：头顶具黑色羽冠，脸颊及前颈全白色，眼先黑斑延至嘴基。

食性：以鱼为主食。

繁殖习性：繁殖期为5～7月，每窝产卵3～7枚，孵化期22～27天。

分布：古北界、非洲、印度、澳大利亚及新西兰、中国广泛分布。

保护等级：LC；中俄、中日、中韩。

普通秧鸡

鹤形目 /GRUIFORMES 旅鸟 ★☆☆☆☆

英文名：Eastern Water Rail 学名：*Rallus indicus*

分类：鹤形目＞秧鸡科

鉴别特征：体长30厘米。嘴长而略下弯，上嘴暗下嘴红，上体橄榄褐色，具黑色羽轴，下体脸及胸灰色，腹及臀部具黑色横纹。

食性：主要以昆虫、小鱼、甲壳类、软体动物等为食。

繁殖习性：繁殖期为5～7月，每窝产卵5～10枚，每年产1～2窝，孵卵期14～24天。

分布：繁殖于欧亚大陆东部至日本；越冬于东南亚。

保护等级：LC；中俄、中韩、中日。

小田鸡

鹤形目 /GRUIFORMES　　旅鸟 ★☆☆☆☆

英文名：Baillon's Crake　　学名：*Zapornia pusilla*

分类：鹤形目>秧鸡科

鉴别特征：体长18厘米。嘴短且暗黄上缘色重，脸侧具褐耳斑，上体红褐色且具白色纵斑。下体胸灰色，腹及尾下具黑白相间的横纹。雄鸟上体红褐色较重，下体灰色较重；雌鸟上体暗褐色，下体灰偏白色。

食性：杂食性，以水生昆虫、环节动物、软体动物等为食，偶食植物和种子。

繁殖习性：繁殖期为5～6月，每窝卵4～10枚，常见为6～9枚，孵卵期19～21天。

分布：北非和欧亚大陆，南迁至印度尼西亚、菲律宾、新几内亚及澳大利亚。

保护等级：LC；中俄、中韩、中日。

白胸苦恶鸟

鹤形目 /GRUIFORMES　　旅鸟 ★☆☆☆☆

英文名：White-breasted Waterhen　　学名：*Amaurornis phoenicurus*

分类：鹤形目>秧鸡科

鉴别特征：体长33厘米。嘴黄绿色，上嘴基具红斑，头顶及上体灰色，下体、脸、胸及上腹部白色，下腹及尾下棕色，脚红色。叫声为"苦恶、苦恶"。

食性：杂食性，以昆虫、蜗牛、软体动物及其他小型无脊椎动物和植物果实与种子为食。

繁殖习性：繁殖期为4～7月，每窝卵4～8枚，孵卵期22～25天。

分布：繁殖于东北亚；冬季南迁至东南亚。

保护等级：LC；中韩。

董鸡

鹤形目 /GRUIFORMES 旅鸟 ★☆☆☆☆
英文名：Watercock 学名：*Gallicrex cinerea*

分类：鹤形目 > 秧鸡科

鉴别特征：体长40厘米。雄鸟：嘴黄色，额甲红色且呈冠状，全体色黑，翼红褐色或羽缘白色，腹下略白具横斑。雌鸟：嘴黄色，眼黑色，上体黑褐色且具红褐羽缘，下体黄褐色且具不明显细横纹。雄鸟冬季时似雌鸟。

食性：杂食性，主要吃种子和绿色植物的嫩枝、水稻，也吃蠕虫和软体动物、水生昆虫等。

繁殖习性：繁殖期为5～9月，每窝卵3～5枚，孵卵期20天。

分布：留鸟于印度次大陆、东南亚南部；繁殖于东亚、东南亚等。

保护等级：LC；中俄、中韩、中日。

黑水鸡

鹤形目 /GRUIFORMES 旅鸟 ★★★☆☆
英文名：Common Moorhen 学名：*Gallinula chloropus*

分类：鹤形目 > 秧鸡科

鉴别特征：体长31厘米。嘴黄色，嘴基及额甲红色，全体青黑色，两胁具白纹，尾下具白斑。

食性：杂食性，主要吃水生软体动物及植物的茎、叶及草籽等。

繁殖习性：繁殖期为4～7月，每窝产卵6～10枚，孵化期19～22天。

分布：遍布欧亚大陆和非洲；冬季北方鸟南迁越冬。

保护等级：LC；中俄、中韩、中日。

白骨顶

鹤形目 / GRUIFORMES　　旅鸟 ★★★☆☆
英文名：Common Coot　　学名：*Fulica atra*

分类：鹤形目＞秧鸡科

鉴别特征：体长40厘米。体羽深黑灰色，仅嘴及额甲白色，飞行时可见翼上狭窄近白色后缘，脚绿色，趾具半蹼。

食性：主要吃小鱼、虾、水生昆虫、水生植物嫩叶、幼芽、果实、蔷薇果和其他各种灌木浆果与种子。

繁殖习性：繁殖期为5～7月，每窝产卵7～12枚，常为8～10枚，孵化期21天。

分布：古北界、中东、印度次大陆；北方鸟南迁至非洲、东南亚及菲律宾越冬。

保护等级：LC；中俄、中韩。

摄影：陈军

普通鸬鹚

鲣鸟目 / SULIFORMES　　冬候鸟 ★★★★☆
英文名：Great Cormorant　　学名：*Phalacrocorax carbo*

分类：鲣鸟目＞鸬鹚科

鉴别特征：体长90厘米。体色偏黑色且闪光，嘴厚重，脸颊及喉白色，繁殖期颈及头饰以白色丝状羽，两胁具白色斑块。颊及上喉白色区别于其他鸬鹚，与暗绿背鸬鹚区别在嘴周及下嘴基具细黑点斑，白羽细密呈丝状。

食性：以各种鱼类为食。

繁殖习性：繁殖期为4～6月，每窝产卵3～5枚，孵卵期28～30天。

分布：美洲东部沿海、欧亚大陆、非洲、澳大利亚、新西兰，大部分种群为候鸟。

保护等级：LC；中俄、中韩。

摄影：赵凯

摄影：赵凯

黑翅长脚鹬

鸻形目/CHARADRIIFORMES　旅鸟 ★★☆☆☆
英文名：Black-winged Stilt　学名：*Himantopus himantopus*

分类：鸻形目>反嘴鹬科

鉴别特征：体长37厘米。雄鸟：细长的嘴黑色，脚细长且红色，眼周、颈背及翼黑色，下体白色，飞翔时下背及腰白色。雌鸟：似雄鸟，但颈背以上为白色。

食性：以软体动物、虾、甲壳类、环节动物、昆虫及小鱼和蝌蚪等动物性食物为食。

繁殖习性：繁殖期为5~7月，每窝产卵3~4枚，孵化期16~18天。

分布：印度、中国及东南亚。

保护等级：LC；中俄、中韩、中日。

摄影：赵凯

反嘴鹬

鸻形目/CHARADRIIFORMES　旅鸟 ★☆☆☆☆
英文名：Pied Avocet　学名：*Recurvirostra avosetta*

分类：鸻形目>反嘴鹬科

鉴别特征：体长43厘米。黑色的嘴细长而上翘，头顶及颈背黑色，翼白色且具黑色翼缘，飞翔时翼背及翼尖黑色。

食性：以小型甲壳类、水生昆虫、蠕虫和软体动物等小型无脊椎动物为食。

繁殖习性：繁殖期为5~7月，每窝产卵3~4枚，孵化期22~24天。

分布：欧洲至中国、印度及非洲南部。

保护等级：LC；中俄、中韩、中日。

摄影：赵凯

摄影：赵凯

凤头麦鸡

鸻形目 /CHARADRIIFORMES 旅鸟 ★☆☆☆☆
英文名：Northern Lapwing　学名：*Vanellus vanellus*

分类：鸻形目>鸻科

鉴别特征：体长30厘米。雄鸟：具黑色顶冠及长凤头，脸侧具斑块，下体白色且具黑色胸带。雌鸟：似雄鸟，但体背具淡色羽缘，无黑色胸带，黑色冠羽较短。

食性：主要吃甲虫、鞘翅目、蝼蛄等昆虫、小型无脊椎动物，也吃大量杂草种子和植物嫩叶。

繁殖习性：繁殖期为5~7月，每窝产卵3~5枚，孵化期25~28天。

分布：分布于古北界，冬季南迁至印度、东南亚的北部、东亚。

保护等级：NT；中俄、中韩、中日。

摄影：赵凯

灰头麦鸡

鸻形目 /CHARADRIIFORMES 旅鸟 ★☆☆☆☆
英文名：Grey-headed Lapwing　学名：*Vanellus cinereus*

分类：鸻形目>鸻科

鉴别特征：体长35厘米。夏羽：嘴黄尖黑，头颈灰色且下具黑色带，腹下白色，脚黄色。冬羽：似夏羽，头、胸灰色变褐色，胸下黑缘变窄。

食性：主要吃昆虫和幼虫，也吃虾、蜗牛等小型无脊椎动物及杂草种子和植物嫩叶。

繁殖习性：繁殖期为5~7月，每窝产卵4枚，孵化期27~30天。

分布：繁殖于中国东北及日本；冬季南迁至印度东北部、东南亚、中国南部，少量个体到菲律宾。

保护等级：LC；中俄、中韩。

摄影：赵凯

长嘴剑鸻（héng）

鸻形目/CHARADRIIFORMES　　旅鸟 ★☆☆☆☆
英文名：Long-billed Plover　　学名：*Charadrius placidus*

分类：鸻形目＞鸻科

鉴别特征：体长22厘米。夏羽：嘴黑色且细长，额白色，额顶黑色，具白颈环与黑胸环，脚黄色。冬羽：胸环黑色变为褐色，无黑色额顶。与金眶鸻区别为无金色眼眶，嘴较细长；与剑鸻区别为胸环窄细，嘴细长。

食性：以鞘翅目、鳞翅目等昆虫和幼虫为食，也吃小型无脊椎动物和植物嫩芽和种子。

繁殖习性：繁殖期为5～7月，每窝产卵3～4枚，孵化期25～27天。

分布：繁殖于东北亚、中国的华东及华中；冬季至东南亚。

保护等级：LC；中俄、中韩。

摄影：赵凯

金眶鸻（héng）

鸻形目/CHARADRIIFORMES　　旅鸟 ★☆☆☆☆
英文名：Little Ringed Plover　　学名：*Charadrius dubius*

分类：鸻形目＞鸻科

鉴别特征：体长16厘米。夏羽：嘴短且黑色，眼圈黄色，额白色，额顶及贯眼黑色，具白颈环与黑胸环，脚黄色。冬羽：似夏羽，但胸环黑变为褐色且不闭合，具白眉纹。夏羽时眼圈黄色明显区别于其他，冬羽与环颈鸻区别在脚黄色。

食性：以鳞翅目、鞘翅目及其他昆虫、甲壳类、软体动物等小型水生无脊椎动物为食。

繁殖习性：繁殖期为5～7月，每窝产卵3～5枚，孵化期24～26天。

分布：北非、古北界、东南亚至新几内亚；北方的鸟南迁越冬。

保护等级：LC；中俄、中澳、中韩。

摄影：赵凯

摄影：赵凯

环颈鸻（héng）

鸻形目 /CHARADRIIFORMES　　旅鸟　★★☆☆☆
英文名：Kentish Plover　　学名：*Charadrius alexandrinus*

分类：鸻形目>鸻科

鉴别特征：体长16厘米。夏羽（雄）：嘴短而黑色，眉与白额相连，额顶黑色，枕红褐色（雌无红褐色），胸具不闭合的半胸环，脚黑色或青绿色。冬羽：具白眉，头顶的黑色及红褐色消失而为褐色，半胸环黑色变为褐色。

食性：以昆虫、蠕虫、小型甲壳类和软体动物为食。

繁殖习性：繁殖期为4~7月，每窝产卵2~5枚，孵化期24天。

分布：从中国北部和东南亚向西至欧洲和非洲北部；欧洲中部，非洲北部至亚洲中部；部分地区为留鸟，部分在上述地区向南短距离连续越冬于非洲北部、南亚、东亚及东亚南部。

保护等级：LC；中俄、中韩。

摄影：汪湜

摄影：赵凯

铁嘴沙鸻（héng）

鸻形目 /CHARADRIIFORMES　　旅鸟　★☆☆☆☆
英文名：Greater Sand Plover　　学名：*Charadrius leschenaultii*

分类：鸻形目>鸻科

鉴别特征：体长23厘米。夏羽：无白色颈环区别于大多鸻而只与蒙古沙鸻相似，区别在嘴稍长，胸红色较窄且上缘无黑边，脚黄色。冬羽：具白眉，胸部的红色及头部的黑色消失，胸侧具半胸环。

食性：以昆虫、昆虫幼虫、小型甲壳类和软体动物为食。

繁殖习性：繁殖期为4~7月，每窝产卵3~4枚，孵化期21~24天。

分布：繁殖由土耳其至中东、中亚至蒙古；越冬在非洲沿海、印度、东南亚、马来西亚至澳大利亚。

保护等级：LC；中俄、中韩、中日、中新。

摄影：陈建中

摄影：张锡贤

丘鹬

鸻形目/CHARADRIIFORMES 旅鸟 ★★★☆☆

英文名：Eurasian Woodcock　　学名：*Scolopax rusticola*

分类：鸻形目＞鹬科

鉴别特征：体长35厘米。额及脸部淡灰色，头顶至后颈具4条褐灰相间的横纹，上体红褐色，下体满布细横纹，脚短，体显肥胖。

食性：以昆虫、蚯蚓、蜗牛等小型无脊椎动物为食，有时也食植物根、浆果和种子。

繁殖习性：繁殖期为5～7月，每窝产卵3～6枚，通常为4～5枚，孵化期22～24天。

分布：繁殖于欧亚大陆；越冬于东洋界及非洲北部。

保护等级：LC；中俄、中韩、中日。

摄影：袁晓

针尾沙锥

鸻形目/CHARADRIIFORMES 旅鸟 ★☆☆☆☆

英文名：Pintail Snipe　　学名：*Gallinago stenura*

分类：鸻形目＞鹬科

鉴别特征：体长24厘米。与其他嘴形长的沙锥区别在嘴相对短、肩部的纵纹较细且为白色而不是黄色，翼覆羽白色。飞翔时与扇尾沙锥区别在翼下白色但具黑纵纹，无白色后缘。尾羽外侧具特征性针状羽。

食性：以昆虫、甲壳类和软体动物等小型无脊椎动物为食，有时也吃部分农作物种子和草籽。

繁殖习性：繁殖期为5～7月，每窝产卵4枚，孵化期21～23天。

分布：繁殖于东北亚；冬季南迁至印度、东南亚和印度尼西亚。

保护等级：LC；中俄、中韩、中日。

摄影：夏家振

摄影：夏家振

大沙锥

鸻形目/CHARADRIIFORMES　旅鸟 ★☆☆☆☆
英文名：Swinhoe's Snipe　学名：*Gallinago megala*

分类：鸻形目>鹬科

鉴别特征：体长28厘米。嘴形长，头形大而方，上体黑褐色，具白色或黄色羽缘。飞行时尾长于脚，翼下缺少白色宽横纹，无白色后缘。

食性：以昆虫、甲壳类和软体动物等小型无脊椎动物为食，有时也吃部分农作物种子和草籽。

繁殖习性：繁殖期为5~7月，每窝产卵4枚，偶尔少至2枚和多至5枚，孵化期21~23天。

分布：繁殖于东北亚；冬季南迁至婆罗洲北部、印度尼西亚，并远及澳大利亚。

保护等级：LC；中俄、中韩、中日、中澳。

扇尾沙锥

鸻形目/CHARADRIIFORMES　旅鸟 ★☆☆☆☆
英文名：Common Snipe　学名：*Gallinago gallinago*

分类：鸻形目>鹬科

鉴别特征：体长26厘米。同其他沙锥的区别在有明显黄肩带，翼羽缘黄色，飞翔时翼下飞羽具白色宽横纹。

食性：以昆虫、甲壳类和软体动物等小型无脊椎动物为食，有时也吃部分农作物种子和草籽。

繁殖习性：繁殖期为5~7月，每窝产卵4枚，偶尔少至2枚和多至5枚，孵化期19~20天。

分布：繁殖于东北亚；冬季南迁至婆罗洲北部、印度尼西亚，并远及澳大利亚。

保护等级：LC；中俄、中韩、中日。

鹤鹬

鸻形目 /CHARADRIIFORMES　旅鸟　★☆☆☆☆
英文名：Spotted Redshank　　学名：*Tringa erythropus*

分类：鸻形目 > 鹬科

鉴别特征：体长30厘米。夏羽：嘴细长且黑色，下嘴基红色，体羽黑色且具白色羽缘，脚红色。冬羽：具粗白眉且眉后纹模糊，上体鼠灰色，下体变白色。与红脚鹬区别在嘴形细长且下嘴基红色，脚长，飞翔时伸出尾外长。

食性：以各种水生昆虫、幼虫、软体动物、甲壳动物、鱼、虾等为食。

繁殖习性：繁殖期为5～8月，每窝产卵4枚，孵化期18～20天。

分布：繁殖在欧洲；迁至非洲、印度、中国南部及东南亚越冬。

保护等级：LC；中俄、中韩、中日。

夏羽　嘴形细长且下嘴基红色　摄影：夏家振

冬羽　粗白眉且眉后纹模糊　嘴形细长且下嘴基红色　摄影：赵凯

红脚鹬

鸻形目 /CHARADRIIFORMES　旅鸟　★☆☆☆☆
英文名：Common Redshank　　学名：*Tringa totanus*

分类：鸻形目 > 鹬科

鉴别特征：体长28厘米。夏羽：嘴端黑基红，眉纹较模糊，上体锈褐色，腿橙红色，飞翔时翼后缘具白宽带，下背及腰白色。冬羽：似夏羽，整体显灰褐色。与鹤鹬区别在嘴端黑色而嘴基红色，呈两色，且嘴相对钝。

食性：以甲壳类、软体动物、昆虫等为食。

繁殖习性：繁殖期为5～7月，每窝产卵4枚，孵化期17天。

分布：繁殖于非洲及古北界；冬季南移远及苏拉威西、东帝汶及澳大利亚。

保护等级：LC；中俄、中韩、中日、中澳。

眉纹模糊　嘴端黑色而基红色　腿橙红色　摄影：陈建中

嘴端黑而嘴基红色　腿橙红色　摄影：刘庆堂

泽鹬

鸻形目/CHARADRIIFORMES 旅鸟 ★☆☆☆☆
英文名：Marsh Sandpiper 学名：*Tringa stagnatilis*

分类：鸻形目＞鹬科

鉴别特征：体长23厘米。夏羽：嘴细长而尖直，头、颈具细纵纹，上体杂以褐斑，脚绿色而细长，飞翔时下背及腰白色，尾具横纹。冬羽：似夏羽，但体斑消失显体色白。

食性：以小型脊椎动物为食。

繁殖习性：繁殖期为5～7月，每窝产卵4枚，孵化期18天。

分布：繁殖于古北界；冬季南迁至非洲、南亚及东南亚并远及澳大利亚和新西兰。

保护等级：LC；中俄、中韩、中日、中澳、中新。

摄影：赵凯

摄影：袁晓

青脚鹬

鸻形目/CHARADRIIFORMES 旅鸟 ★☆☆☆☆
英文名：Common Greenshank 学名：*Tringa nebularia*

分类：鸻形目＞鹬科

鉴别特征：体长32厘米。夏羽：嘴青绿色且上翘，头、颈具细密黑纵纹，脚黄绿色而长；飞翔时，脚伸出尾外长，下背及腰白色，尾端具横纹。冬羽：似夏羽，但前颈纵纹消失。与小青脚鹬区别在嘴形显细，颈显长，夏羽颈、胸纵纹较细，脚长显绿色，飞翔时脚伸出尾外较长，翼下白色并具深色细纹。

食性：以甲壳类、软体动物、昆虫等为食。

繁殖习性：繁殖期为5～7月，每窝产卵4枚，孵化期23～24天。

分布：繁殖于古北界；越冬在非洲南部、印度次大陆、东南亚、中国南部、马来西亚至澳大利亚。

保护等级：LC；中俄、中韩、中日、中澳、中新。

摄影：赵凯

摄影：赵凯

白腰草鹬

鸻形目/CHARADRIIFORMES　旅鸟 ★☆☆☆☆
英文名：Green Sandpiper　学名：*Tringa ochropus*

分类：鸻形目>鹬科

鉴别特征：体长23厘米。嘴暗绿色，白眉短且仅在眼前部并与眼圈相连，上体黑褐色，羽缘具极细点斑，脚短暗绿色。飞翔时，翼下黑褐色且具白细纹，腰白色，尾具横斑。与林鹬区别在眉短且仅在眼前部，白斑极细且在羽缘，腿暗绿色且短显体矮，飞翔时翼下黑褐色且具白细纹。

食性：啄食蠕虫、虾、昆虫等小型无脊椎动物，偶尔也吃小鱼和稻谷。

繁殖习性：繁殖期为5～7月，每窝产卵3～4枚，孵化期20～23天。

分布：繁殖于欧亚大陆北部；冬季南迁远及非洲、印度次大陆、东南亚、北婆罗洲及菲律宾。

保护等级：LC；中俄、中韩、中日。

林鹬

鸻形目/CHARADRIIFORMES　旅鸟 ★☆☆☆☆
英文名：Wood Sandpiper　学名：*Tringa glareola*

分类：鸻形目>鹬科

鉴别特征：体长20厘米。嘴青绿色而端黑色，眉纹白色，上体体背黑褐色且具细密白点斑，脚长黄色，飞翔时翼下白色，腰白色，尾具横纹，脚远伸于尾后。与白腰草鹬区别在具明显白眉纹，体背具密白斑，腿黄色而长。

食性：以昆虫、蠕虫、软体动物和甲壳类等小型无脊椎动物为食，偶尔也吃少量植物种子。

繁殖习性：繁殖期为5～7月，每窝产卵3～4枚，孵化期21～23天。

分布：繁殖于欧亚大陆北部；冬季南迁至非洲、印度次大陆、东南亚、中国南部及澳大利亚。

保护等级：LC；中俄、中澳、中韩、中日。

矶（jī）鹬

鸻形目 /CHARADRIIFORMES　旅鸟 ★☆☆☆☆

英文名：Common Sandpiper　学名：*Actitis hypoleucos*

分类：鸻形目 > 鹬科

鉴别特征：体长20厘米。体羽变化很大，上体暗褐色且具如松树皮样的斑纹，翼角前具特征性白色三角形斑块。飞翔时翼具白色翼带，腰无白色，区别于相似的林鹬、白腰草鹬。脚短显体矮。

食性：以昆虫为食，也吃螺、蠕虫等无脊椎动物和小鱼以及蝌蚪等小型脊椎动物。

繁殖习性：繁殖期为5~7月，每窝产卵4~5枚，孵化期20~22天。

分布：繁殖于古北界及喜马拉雅山脉；冬季至非洲、印度次大陆、东南亚、中国南部并远至澳大利亚。

保护等级：LC；中俄、中澳、中韩、中日、中新。

黄脚三趾鹑（chún）

鸻形目 /CHARADRIIFORMES　旅鸟 ★☆☆☆☆

英文名：Yellow-legged Buttonquail　学名：*Turnix tanki*

分类：鸻形目 > 三趾鹑科

鉴别特征：体16厘米。眼珠白色，嘴褐黑色而下嘴基黄色，腿黄色，胸两侧具明显的黑色点斑。

食性：以植物嫩芽、浆果、草籽、谷粒、昆虫和其他小型无脊椎动物为食。

繁殖习性：繁殖期为5~8月，每窝产卵3~4枚，孵化期14天。

分布：亚洲东部、印度、中国及东南亚。

保护等级：LC；中俄、中韩。

普通燕鸻（héng）

鸻形目/CHARADRIIFORMES　旅鸟　★☆☆☆☆
英文名：Oriental Pratincole　学名：*Glareola maldivarum*

分类：鸻形目>燕鸻科

鉴别特征：体长25厘米。嘴黑基红，喉乳黄色且外缘具黑边，胸黄褐色，腹白色。飞翔时，翼下红褐色，腰白色，尾黑色而叉形。

食性：吃金龟甲、蚱蜢、蝗虫、螳螂等昆虫，也吃蟹、甲壳类等其他小型无脊椎动物。

繁殖习性：繁殖期为5~7月，每窝产卵2~4枚，孵化期21~23天。

分布：繁殖于亚洲东部；冬季南迁经印度尼西亚至澳大利亚。

保护等级：LC；中俄、中韩、中日、中澳、中新。

黑鹳（guàn）

鹳形目/CICONIIFORMES　旅鸟　★☆☆☆☆
英文名：Black Stork　学名：*Ciconia nigra*

分类：鹳形目>鹳科

鉴别特征：体长100厘米。嘴红色且长而粗，脚红色，眼周裸露皮肤红色，全身黑色，仅下胸、腹部、翅基及尾下白色。

食性：主要食鱼类，其次为蛙、蝼蛄、蟋蟀、龙虱等昆虫，蛇和甲壳动物。

繁殖习性：繁殖期为4~7月，1年繁殖1窝，每窝产卵4~5枚，也有少至2枚和多至6枚的，孵化期33~34天。

分布：欧洲至中国北方；越冬至印度、中国华北及南部、非洲。

保护等级：一级；LC；中俄、中韩、中日。

东方白鹳（guàn）

鹳形目/CICONIIFORMES　旅鸟 ★★☆☆☆
英文名：Oriental Stork　学名：*Ciconia boyciana*

分类：鹳形目＞鹳科
鉴别特征：体长105厘米。嘴黑色且厚长，全身白色，飞翔时可见初级飞羽及次级飞羽黑色，脚红色。
食性：以鱼为主，也吃蛙、蛇、节肢动物等其他动物性食物。
繁殖习性：繁殖期为4～6月，每窝产卵3～5枚，偶有2～3枚，孵卵期31～34天。
分布：东北亚及日本。
保护等级：一级；EN；中俄。

摄影：董文晓

摄影：胡云程

白琵鹭

鹈形目/PELECANIFORMES　旅鸟 ★☆☆☆☆
英文名：Eurasian Spoonbill　学名：*Platalea leucorodia*

分类：鹈形目＞鹮科
鉴别特征：体长80厘米。夏羽：嘴形如琵琶长直而平且具细横纹，枕具黄色饰羽，上喉及胸部染黄色，其余全身白色。冬羽：全身白色，无枕部饰羽。与黑脸琵鹭区别在嘴端黑色，眼睛周围白色，具明显眼先。
食性：以虾、蟹、蠕虫、软体动物等小型脊椎动物和无脊椎动物为食，偶尔也吃少量植物。
繁殖习性：繁殖期为5～7月，每窝产卵3～5枚，孵卵期24～25天。
分布：欧亚大陆及非洲。
保护等级：二级；LC；中俄、中韩、中日。

摄影：夏家振

摄影：赵凯

大麻鳽（jiān）

鹈形目/PELECANIFORMES　旅鸟 ★☆☆☆☆
英文名：Eurasian Bittern　学名：*Botaurus stellaris*

分类：鹈形目＞鹭科

鉴别特征：体长75厘米。嘴较短，黄色，顶冠黑色，喉白色且具黑色颊纹，上体红褐色且具黑色羽轴，下体白色而颈侧具细密栗红细纹，颈及前胸具纵纹。嘴形短，顶冠黑色，前颈具纵纹，区别其他。

食性：以鱼、虾、蛙、蟹、螺、水生昆虫等动物性食物为食。

繁殖习性：繁殖期为5～7月，每窝产卵4～6枚，孵卵期24～25天。

分布：非洲、欧亚大陆；冬候鸟见于东南亚及菲律宾。

保护等级：LC；中俄、中韩、中日。

黄斑苇鳽（jiān）

鹈形目/PELECANIFORMES　旅鸟 ★☆☆☆☆
英文名：Yellow Bittern　学名：*Ixobrychus sinensis*

分类：鹈形目＞鹭科

鉴别特征：体长32厘米。雄鸟：顶冠黑色，上体淡黄褐色，下体皮黄色，两翼及尾黑色，飞翔时飞羽黑与覆羽皮黄色对比明显。雌鸟：似雄鸟，颈及胸具5条褐色纵纹。亚成鸟：似雌鸟，但褐色较浓，全身满布纵纹。与栗苇鳽相似，但体背黄褐色与浅色的翼有颜色对比差异。

食性：以小鱼、虾、蛙、水生昆虫等动物性食物为食。

繁殖习性：繁殖期为5～7月，每窝产卵4～6枚，孵卵期20天。

分布：印度、东亚至菲律宾、密克罗尼西亚及苏门答腊；冬季至印度尼西亚及新几内亚。

保护等级：LC；中俄、中韩、中日、中澳。

夜鹭

鹈形目 /PELECANIFORMES　　旅鸟　★☆☆☆☆

英文名：Black-crowned Night Heron
学名：*Nycticorax nycticorax*

分类：鹈形目 > 鹭科

鉴别特征：体长61厘米。成鸟：嘴粗黑，具白眉，顶冠黑色，枕后具白色细长饰羽，体背黑色，翼灰色。亚成鸟：嘴黄色，上体褐黄色且具点斑，下体淡黄色且具褐色纵纹。

食性：以鱼、蛙、虾、水生昆虫等动物性食物为食。

繁殖习性：繁殖期为4~7月，每窝产卵3~5枚，孵卵期21~22天。

分布：美洲、非洲、欧洲至日本、印度、东南亚、大巽他群岛。

保护等级：LC；中俄、中韩、中日。

成鸟　白色细长饰羽　体背黑色，翼灰色　摄影：赵凯

亚成鸟　上体褐黄具点斑　摄影：赵凯

绿鹭

鹈形目 /PELECANIFORMES　　旅鸟　★☆☆☆☆

英文名：Green-backed Heron　　学名：*Butorides striata*

分类：鹈形目 > 鹭科

鉴别特征：体长43厘米。成鸟：头顶及冠羽黑绿色，耳羽具白斑，嘴角处下具横纹，翼绿具白羽缘。亚成鸟：上体具白羽缘，在下体具绿白相间的粗纵纹。

食性：以鱼为食，也吃蛙、蟹、虾、水生昆虫和软体动物。

繁殖习性：繁殖期为4~7月，每窝产卵3~5枚，孵卵期21~22天。

分布：广布于亚洲、非洲、美洲及大洋洲的热带及亚热带地区。

保护等级：LC；中俄、中韩、中日。

耳羽具白斑　翼绿具白羽缘　摄影：胡云程

池鹭

鹈形目 /PELECANIFORMES　　旅鸟　★★☆☆☆

英文名：Chinese Pond Heron　　学名：*Ardeola bacchus*

分类：鹈形目＞鹭科

鉴别特征：体长47厘米。夏羽：嘴黄尖黑，头及颈深栗色，胸紫酱色，体背黑灰色，飞翔时翅全白色，仅体背深色。冬羽：头、颈、胸部的颜色褪去，换为黄褐与白色相杂的纵纹，体背黑灰变为绛紫色。

食性：以鱼为食，也吃蛙、蟹、虾、水生昆虫和软体动物。

繁殖习性：繁殖期为4~7月，每窝产卵3~5枚，孵卵期21~22天。

分布：繁殖于中国东部及朝鲜半岛、日本和俄罗斯远东；越冬于中国南部及东南亚。

保护等级：LC；中俄、中韩。

牛背鹭

鹈形目 /PELECANIFORMES　　旅鸟　★☆☆☆☆

英文名：Cattle Egret　　学名：*Bubulcus ibis*

分类：鹈形目＞鹭科

鉴别特征：体长47厘米。夏羽：嘴红色，全身白色，头、颈、胸沾橙黄色，背上饰羽橙黄色。冬羽：夏羽的橙黄色褪去，全身白色，嘴全黄色。冬羽时与白色型鹭的区别在体形较粗壮，颈较短而头圆，嘴较短厚且全黄色。

食性：以蝗虫、蚂蚱、牛蝇、金龟子、地老虎等昆虫为食，也食蜘蛛、黄鳝、蚂蟥和蛙等其他动物食物。

繁殖习性：繁殖期为4~7月，每窝产卵4~9枚，孵卵期21~24天。

分布：广布于全球的热带及亚热带地区。

保护等级：LC；中俄、中韩、中日、中澳。

苍鹭

鹈形目/PELECANIFORMES 旅鸟 ★★★☆☆
英文名：Grey Heron　　学名：*Ardea cinerea*

分类：鹈形目 > 鹭科

鉴别特征：体长92厘米。夏羽：嘴橘红色或黄色，头白色且具黑色眉纹及冠羽，前颈白色且具黑色纵纹及白色饰羽，背灰色且具饰羽。冬羽：冠羽、饰羽脱落，体色变为灰白色。与草鹭区别在体色灰白色，前颈白色且具黑色纵纹。

食性：以小型鱼类、泥鳅、蜥蜴、蛙和昆虫等水生动物为主食。

繁殖习性：繁殖期为4～6月，每窝产卵3～6枚，孵卵期21～23天。

分布：非洲、欧亚大陆、朝鲜及日本至菲律宾及巽他群岛。

保护等级：LC；中俄、中韩。

大白鹭

鹈形目/PELECANIFORMES 旅鸟 ★☆☆☆☆
英文名：Great Egret　　学名：*Ardea alba*

分类：鹈形目 > 鹭科

鉴别特征：体长95厘米。夏羽：嘴黑色，眼先蓝绿色，肩部具细长蓑羽，嘴裂长延至眼后。冬羽：嘴黄色，眼先黄色，蓑羽脱落。与其他白色型鹭的区别在体长、颈长，是唯一一种嘴裂长延至眼后的白色型鹭。

食性：以昆虫、甲壳类、软体动物、水生昆虫以及小鱼、蛙、蝌蚪和蜥蜴等动物性为食。

繁殖习性：繁殖期为4～7月，每窝产卵3～6枚，孵卵期25～26天。

分布：北美洲、南美洲、非洲、欧亚、远东及澳新界。

保护等级：LC；中日、中韩、中澳。

白鹭

鹈形目 /PELECANIFORMES　　旅鸟 ★★☆☆☆
英文名：Little Egret　　学名：*Egretta garzetta*

分类：鹈形目 > 鹭科
鉴别特征：体长60厘米。嘴黑色，腿黑趾黄，繁殖期枕后、背及胸具饰羽。又名小白鹭。
食性：以鱼、虾、蛙、蝗虫等水生和陆生昆虫等动物为食。
繁殖习性：繁殖期为4～6月，每窝产卵2～6枚，孵卵期22～24天。
分布：非洲、欧洲、亚洲及大洋洲。
保护等级：LC；中俄、中韩。

夏羽　枕后具饰羽　腿黑趾黄　摄影：赵凯

冬羽　腿黑趾黄　摄影：赵凯

鹌（ān）鹑（chún）

鸡形目 /GALLIFORMES　　旅鸟 ★★☆☆☆
英文名：Japanese Quail　　学名：*Coturnix japonica*

分类：鸡形目 > 雉科
鉴别特征：体长20厘米，体形滚圆呈灰褐色。雄鸟：白眉细长，耳羽、颊栗色，喉黑色，上体具白色矛状长羽轴。雌鸟：似雄鸟，但喉及颊白色，颈侧具2条褐带。
食性：食草籽、植物根茎及嫩叶，繁殖期食昆虫。
繁殖习性：繁殖于矮草地、农田、芦苇地或灌木营巢，每窝产卵7～14枚，约17天出雏。
分布：亚洲东部、印度东北部、中国、东南亚及菲律宾。
保护等级：NT；中俄、中日、中韩。

白色矛状长羽轴　白眉细长　摄影：赵凯

岩鸽

鸽形目 / COLUMBIFORMES 旅鸟 ★☆☆☆☆

英文名：Hill Pigeon　　学名：*Columba rupestris*

分类：鸽形目＞鸠鸽科

鉴别特征：体长31厘米。头、颈灰色而带绿紫色光泽。体淡灰色，翼具2道黑翼带，下背白色，尾端黑色，次端基白色。

食性：以植物种子、果实、球茎、块根等植物性食物为食。

繁殖习性：繁殖期为4～7月，每窝产卵2，孵卵期18天。

分布：中亚至中国的东北；指名亚种繁殖遍及华北及华中的其余地区至东北各省。

保护等级：LC。

摄影：陈建中

山斑鸠

鸽形目 / COLUMBIFORMES 留鸟 ★★★★☆

英文名：Oriental Turtle Dove　　学名：*Streptopelia orientalis*

分类：鸽形目＞鸠鸽科

鉴别特征：体长32厘米。整体淡灰色，下体偏粉色，后颈具黑白相间的5道横纹，尾黑端白色。

食性：以植物种子、果实、球茎、块根等植物性食物为食。

繁殖习性：繁殖期为4～7月，每窝产卵2枚，孵卵期15～17天。

分布：欧亚大陆、印度、日本；北方鸟南下越冬。

保护等级：LC；中俄。

摄影：陈建中

灰斑鸠

鸽形目 /COLUMBIFORMES 旅鸟 ★☆☆☆☆
英文名：Eurasian Collared Dove 学名：*Streptopelia decaocto*

分类：鸽形目＞鸠鸽科

鉴别特征：体长32厘米。整体淡灰色，后颈具黑色半颈环且上、下缘白色，尾下覆羽端白色而基黑色。

食性：以植物种子、果实、球茎、块根等植物性食物为食。

繁殖习性：繁殖期为4～8月，1年繁殖2窝，每窝产卵2枚，孵卵期15～17天。

分布：欧洲西部至印度、中国东部和朝鲜半岛。

保护等级：LC。

后颈具黑色半颈环
尾下覆羽端白色而基黑色
摄影：李在军

珠颈斑鸠

鸽形目 /COLUMBIFORMES 留鸟 ★★☆☆☆
英文名：Spotted Dove 学名：*Streptopelia chinensis*

分类：鸽形目＞鸠鸽科

鉴别特征：体长30厘米。颈侧黑色且满布白色点斑，尾羽尾端两侧白色。

食性：以植物种子为食，有时也吃蝇蛆、蜗牛、昆虫等动物。

繁殖习性：繁殖期为5～7月，每窝产卵2枚，孵卵期18天。

分布：东洋界广泛分布。

保护等级：LC。

颈侧黑色且满布白色点斑
摄影：赵凯

普通夜鹰

夜鹰目/CAPRIMULGIFORMES　　夏候鸟　★★☆☆☆
英文名：Grey Nightjar　　学名：*Caprimulgus jotaka*

分类：夜鹰目>夜鹰科

鉴别特征：体长28厘米。嘴甚短小而嘴宽大，上体灰褐色且具黑色纵纹，喉具白斑，尾端外侧具白斑。

食性：以昆虫为食，黄昏或夜间在空中飞捕昆虫。

繁殖习性：繁殖期为5～7月，不营巢，每窝产卵2枚，孵卵期18天。

分布：繁殖于印度次大陆、中国、东南亚及菲律宾；南迁至印度尼西亚及新几内亚。

保护等级：LC；中俄、中日、中韩。

摄影：袁晓

普通雨燕（普通楼燕）

夜鹰目/CAPRIMULGIFORMES　　夏候鸟　★☆☆☆☆
英文名：Common Swift　　学名：*Apus apus*

分类：夜鹰目>雨燕科

鉴别特征：体长21厘米。飞翔时腹面颈和喉为污白色，体背纯褐色，两翼相当宽，燕尾略叉开。

食性：主要以昆虫为食，特别是飞行性昆虫。常在飞行中边飞边捕食。

繁殖习性：繁殖期为6～7月，每窝产卵2～4枚，多为3枚，孵卵期21～23天。

分布：繁殖于欧亚大陆；越冬于非洲南部。

保护等级：LC；中俄。

摄影：张永　　摄影：朱英

白腰雨燕

夜鹰目/CAPRIMULGIFORMES 夏候鸟 ★★★★☆
英文名：Fork-tailed Swift　　学名：*Apus pacificus*

分类：夜鹰目 > 雨燕科
鉴别特征：体长18厘米。全体黑褐色，飞翔时腹面为喉白色，下体具白羽缘，体背面腰白色，尾长、叉尾深。
食性：以飞行性昆虫为食，捕食在空中，边飞边捕食。
繁殖习性：繁殖期为5～7月，每窝产卵2～3枚，孵卵期为20～23天。
分布：繁殖于西伯利亚及东亚；迁移经东南亚至印度尼西亚、新几内亚及澳大利亚越冬。
保护等级：LC；中俄、中澳、中日、中韩。

摄影：李在军

大鹰鹃

鹃形目/CUCULIFORMES 夏候鸟 ★☆☆☆☆
英文名：Large Hawk-cuckoo　　学名：*Hierococcyx sparverioides*

分类：鹃形目 > 杜鹃科
鉴别特征：体长40厘米。成鸟：嘴黑色且下弯，头灰色，颏黑色，胸具褐纵纹，腹具灰褐横纹。亚成鸟：上体褐色且带棕色横斑，下体具褐色点状纵纹，腹无横纹。又名鹰鹃。
食性：食物以昆虫及其幼虫为主。
繁殖习性：繁殖期为4～7月，卵寄生于其他鸟类巢中，产1～2枚卵。
分布：繁殖于西伯利亚东南部、朝鲜、日本及中国东北；在中国南部及东南亚的南部越冬。
保护等级：LC。

摄影：夏家振

北棕腹鹰鹃

鹃形目/CUCULIFORMES　　夏候鸟 ★★☆☆☆
英文名：Northern Hawk-cuckoo　　学名：*Hierococcyx hyperythrus*

分类：鹃形目>杜鹃科

鉴别特征：体长30厘米。由北鹰鹃改名。嘴略弯，头灰色，颏黑色，尾具4道横斑，尾端红褐色。成鸟：胸腹棕黄色，臀下白色；亚成鸟：下体具褐色点状纵纹。

食性：以昆虫，尤其是鳞翅目幼虫为主要食物。

繁殖习性：繁殖期为4~7月，卵寄生，1~2枚卵。

分布：繁殖于西伯利亚东南部，日本，朝鲜半岛和中国东北部；越冬至亚洲东南部。

保护等级：LC。

摄影：胡云程

小杜鹃

鹃形目/CUCULIFORMES　　夏候鸟 ★☆☆☆☆
英文名：Lesser Cuckoo　　学名：*Cuculus poliocephalus*

分类：鹃形目>杜鹃科

鉴别特征：体长26厘米。头、颈及上体灰色，下体胸以下具斑较粗且稀疏的横斑，叫声音为5~6声"阴天打酒喝"。与其他杜鹃区别在体形小，胸下斑较粗且稀疏，且叫声不同。

食性：食物以昆虫及其幼虫为主。

繁殖习性：繁殖期为4~7月，卵寄生于其他鸟类巢中，产1~2枚卵。

分布：繁殖于西伯利亚东南部、朝鲜、日本及中国东北；在中国南部及东南亚的南部越冬。

保护等级：LC；中俄、中日、中韩。

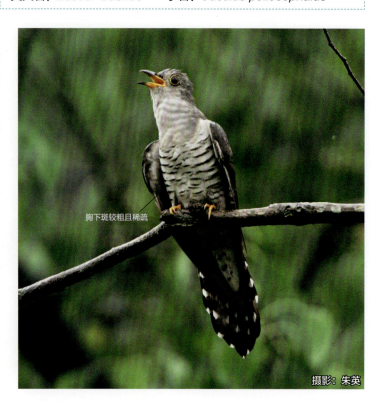
摄影：朱英

四声杜鹃

鹃形目 /CUCULIFORMES　　夏候鸟 ★★☆☆☆

英文名：Indian Cuckoo　　学名：*Cuculus micropterus*

分类：鹃形目>杜鹃科

鉴别特征：体长30厘米。杜鹃类中体背褐色最重，虹膜较暗，具金黄色眼圈，尾具宽黑色次端带。叫声为4声"one more bottle"，易区别其他。

食性：食物以昆虫及其幼虫为主。

繁殖习性：繁殖期为4~7月，卵寄生于其他鸟类巢中，产1~2枚卵。

分布：广泛分布于印度至亚洲东南部，东北部至大巽他群岛。

保护等级：LC；中俄、中韩。

摄影：夏家振

中杜鹃

鹃形目 /CUCULIFORMES　　夏候鸟 ★☆☆☆☆

英文名：Himalayan Cuckoo　　学名：*Cuculus saturatus*

分类：鹃形目>杜鹃科

鉴别特征：体长26厘米。头及上体石板灰色，翼褐色且翼角边缘白色，尾纯黑灰色而无斑。叫声无调为4声"呼、呼、呼、呼"。与大杜鹃、四声杜鹃区别在于胸部横斑较粗、较宽。杜鹃类最好以鸣声区别。

食性：食物以昆虫及其幼虫为主。

繁殖习性：繁殖期为4~7月，卵寄生于其他鸟类巢中，产1~2枚卵。

分布：繁殖于欧亚北部及喜马拉雅山脉；冬季至东南亚及大巽他群岛。

保护等级：LC；中俄、中澳、中日、中韩。

摄影：袁晓

大杜鹃

鹃形目 / CUCULIFORMES 夏候鸟 ★☆☆☆☆
英文名：Common Cuckoo　　学名：*Cuculus canorus*

分类：鹃形目>杜鹃科
鉴别特征：体长32厘米。虹膜黄色，下体的黑横纹较细，间距较小，叫声为2声"布谷"。
食性：食物以昆虫及其幼虫为主。
繁殖习性：繁殖期为4~7月，卵寄生于其他鸟类巢中，产1~2枚卵。
分布：繁殖于欧亚北部及喜马拉雅山脉，冬季至东南亚及大巽他群岛。
保护等级：LC；中俄、中日、中韩。

摄影：赵凯

噪鹃

鹃形目 / CUCULIFORMES 夏候鸟 ★★☆☆☆
英文名：Asian Koel　　学名：*Eudynamys scolopaceus*

分类：鹃形目>杜鹃科
鉴别特征：体长42厘米。雄鸟：虹膜红色，嘴黄绿色，全身纯蓝黑色。雌鸟：全身布满白色斑点，尾具规则白色横纹。幼鸟：体蓝黑色且具白斑点。日夜发出嘹亮连续的类似于"koel"的叫声，但性隐蔽而难发现。
食性：食物以昆虫及其幼虫为主。
繁殖习性：繁殖期3~8月，卵寄生于其他鸟类巢中，产1~2枚卵。
分布：广泛分布于东洋界。
保护等级：LC；中俄、中日、中韩。

摄影：陈军

摄影：胡云程

戴胜

犀鸟目/BUCEROTIFORMES　　旅鸟 ★★☆☆☆
英文名：Eurasian Hoopoe　　学名：*Upupa epops*

分类：犀鸟目＞戴胜科
鉴别特征：体长30厘米。嘴细长且下弯，黄冠羽具黑斑，两翼及尾具黑白相间的条纹。
食性：食虫鸟，主食蚯蚓，也大量捕食金针虫、蝼蛄、行军虫、步行虫和天牛幼虫等。
繁殖习性：繁殖期为4~6月，每窝产卵5~9枚，孵卵期22~24天。
分布：欧亚广泛分布。
保护等级：LC；中俄、中韩。

摄影：赵凯

摄影：陈军

三宝鸟

佛法僧目/CORACIIFORMES　　旅鸟 ★☆☆☆☆
英文名：Oriental Dollarbird　　学名：*Eurystomus orientalis*

分类：佛法僧目＞佛法僧科
鉴别特征：体长30厘米。整体深绿色，嘴粗且橘红色，飞羽深蓝色且具白斑，脚橘红色。
食性：喜欢吃绿色金龟子等甲虫，也吃蝗虫和天牛、叩头虫等。
繁殖习性：繁殖期为3~5月，每窝产卵3~4枚，不自营巢，卵产在鹊巢中或在树洞里。
分布：广泛分布于东亚、东南亚及新几内亚和澳大利亚。
保护等级：LC；中俄、中韩、中日。

摄影：陈建军

蓝翡翠　　佛法僧目/CORACIIFORMES　　旅鸟 ★☆☆☆☆
英文名：Black-capped Kingfisher　　学名：*Halcyon pileata*

分类：佛法僧目>翠鸟科

鉴别特征：体长15厘米。嘴粗大且红色，头顶黑色，具白颈环，上体体背、飞羽及尾蓝色，翼覆羽黑色，下体喉、胸白色，腹棕色。飞翔时初级飞羽具白斑。

食性：以鱼为食，也吃虾、螃蟹、蜻蜓和各种昆虫。

繁殖习性：繁殖期为5~7月，每窝产卵4~6枚，孵卵期19~21天。

分布：繁殖于中国及朝鲜；南迁越冬远至印度尼西亚。

保护等级：LC；中韩。

普通翠鸟　　佛法僧目/CORACIIFORMES　　旅鸟 ★☆☆☆☆
英文名：Common Kingfisher　　学名：*Alcedo atthis*

分类：佛法僧目>翠鸟科

鉴别特征：体长15厘米。嘴粗长，头顶绿色且具白色点斑，耳羽橘黄后具白斑，体背浅蓝绿色中间具蓝色粗带，下体栗红色，尾短蓝绿色。雄鸟嘴为黑色，雌鸟下嘴橘黄色。

食性：以鱼为食。

繁殖习性：繁殖期5~8月，每窝产卵5~7枚，孵卵期19~21天。

分布：广泛分布于欧洲和亚洲以及北非。

保护等级：LC；中俄、中韩。

蚁䴕（liè）

啄木鸟目/PICIFORMES　　旅鸟 ★☆☆☆☆
英文名：Wryneck　　学名：*Jynx torquilla*

分类：啄木鸟目>啄木鸟科

鉴别特征：体长17厘米。嘴短小圆锥形，上体灰褐色斑驳且具黑肩斑块，下体胸棕色且具细横纹。遇到危险时左右扭动头颈，仿佛蛇类。

食性：取食蚂蚁。

繁殖习性：繁殖期为5～6月，每窝产卵5～14枚，孵卵期12～14天。

分布：繁殖于亚洲和欧洲北部；越冬于亚洲南部及非洲。

保护等级：LC；中俄、中韩。

棕腹啄木鸟

啄木鸟目/PICIFORMES　　旅鸟 ★☆☆☆☆
英文名：Rufous-bellied Woodpecker
学名：*Dendrocopos hyperythrus*

分类：啄木鸟目>啄木鸟科

鉴别特征：体长20厘米。头颈及下体棕红色，翼、尾黑色具白点。雄鸟顶冠及枕红色，雌鸟顶冠黑色而具白点。

食性：取食昆虫。

繁殖习性：繁殖期为4～6月，每窝产卵2～4枚，通常3枚，孵卵期14～16天。

分布：在亚洲南部为留鸟；*subrufinus*亚种繁殖于中国东北及俄罗斯远东，越冬于中国南部。

保护等级：LC；中俄、中韩。

仙八色鸫

雀形目 /PASSERIFORMES
英文名：Fairy Pitta　　学名：*Pitta nympha*
旅鸟 ★☆☆☆☆

分类：雀形目＞八色鸫科

鉴别特征：体长16～20厘米。喙和腿粗壮，尾短，地栖，羽色艳丽，具白色眉纹和粗壮的黑色贯眼纹，腹部至臀部鲜红色，背及两翼青蓝色。

食性：主要以蚯蚓、甲虫、蚂蚁、马陆和蜗牛等为食。

繁殖习性：繁殖期为5～7月，每窝产卵4～6枚，孵卵期14～16天。

分布：繁殖于中国东南部及日本、韩国；越冬于婆罗洲。

保护等级：二级；VU；中韩、中日。

摄影：胡云程

黑枕黄鹂（lí）

雀形目 /PASSERIFORMES
英文名：Black-naped Oriole　　学名：*Oriolus chinensis*
夏候鸟 ★★★☆☆

分类：雀形目＞黄鹂科

鉴别特征：体长26厘米。雄鸟：嘴粉红色而粗，黑色眉纹由眼先延至后枕，全身黄色，飞羽黑色。雌鸟：色较暗淡，背橄榄黄色。亚成鸟：似雄鸟，头部黑色不明显，下体白色且具黑色细纵纹，腹下黄色。

食性：主要为昆虫，也吃少量植物果实与种子。

繁殖习性：繁殖期为5～8月，每窝产卵2～4枚，孵卵期14～16天。

分布：繁殖于中国东部及朝鲜半岛；越冬于中国南部及东南亚和南亚。

保护等级：LC；中俄、中韩、中日。

摄影：胡云程

摄影：胡云程

灰山椒（jiāo）鸟

雀形目 /PASSERIFORMES
英文名：Ashy Minivet　　学名：*Pericrocotus divaricatus*
旅鸟 ★★☆☆☆

分类：雀形目>山椒鸟科

鉴别特征：体长20厘米。雄鸟：额白色，过眼纹黑色，上体灰色，腰淡灰色，飞羽黑色且具白横斑，尾外侧白色。雌鸟：体色淡灰色，白额细，飞羽淡灰色。繁殖期雄鸟顶冠黑色。白眉未延至眼后区别小灰山椒鸟。

食性：主要为昆虫。

繁殖习性：繁殖期为5~7月，每窝产卵4~5枚，孵卵期14~16天。

分布：繁殖于中国东北、朝鲜半岛、日本及俄罗斯远东；越冬于中国南部、南亚及东南亚。

保护等级：LC；中俄、中韩、中日。

黑卷尾

雀形目 /PASSERIFORMES
英文名：Black Drongo　　学名：*Dicrurus macrocercus*
夏候鸟 ★★☆☆☆

分类：雀形目>卷尾科

鉴别特征：体长30厘米。成鸟：全身蓝黑色且带辉光，嘴小，眼红色，尾长深叉，尾端上卷。亚成鸟：体下各羽具淡色羽缘，腹下具近白色横纹。

食性：主要为昆虫及幼虫。

繁殖习性：繁殖期为6~7月，每窝产卵3~4枚，孵卵期15~17天。

分布：繁殖于中国东部；越冬于南亚和东南亚。

保护等级：LC；中韩。

发冠卷尾

雀形目 /PASSERIFORMES 旅鸟 ★☆☆☆☆
英文名：Hair-crested Drongo　学名：*Dicrurus hottentottus*

分类：雀形目>卷尾科

鉴别特征：体长32厘米。全身蓝黑色且带辉光，嘴下弯而厚重，前额具细长的丝状羽，头顶及胸具白点斑，上体体背的黑色比翼绿色深，尾长略分叉，尾端上卷明显。

食性：以各种昆虫为食，偶尔也吃少量植物果实、种子、叶芽等植物性食物。

繁殖习性：繁殖期为5~7月，每窝产卵3~4枚，孵卵期15~17天。

分布：亚洲东部和南部。

保护等级：LC；中韩。

虎纹伯劳

雀形目 /PASSERIFORMES 夏候鸟 ★☆☆☆☆
英文名：Tiger Shrike　学名：*Lanius tigrinus*

分类：雀形目>伯劳科

鉴别特征：体长19厘米。雄鸟：具眼色眼罩，头、颈灰色，体背及翼棕色且具黑色鳞纹。雌鸟：贯眼纹眼先模糊，胁密布褐色横纹。亚成鸟：头红密布黑色鳞纹。头、颈灰色，翼棕色且具黑色鳞纹，区别于其他伯劳。

食性：以昆虫及小型动物为食。

繁殖习性：繁殖期为5~7月，每窝产卵4~7枚，孵卵期13~15天。

分布：繁殖于中国东部、朝鲜半岛及日本；越冬于中国南部及东南亚。

保护等级：LC；中俄、中日、中韩。

牛头伯劳

雀形目 /PASSERIFORMES 夏候鸟 ★★☆☆☆
英文名：Bull-headed Shrike　学名：*Lanius bucephalus*

分类：雀形目＞伯劳科

鉴别特征：体长19厘米。雄鸟：眉纹细弱，头、颈栗色，翼黑褐色且具白斑，胁棕色。雌鸟：耳羽红褐色，胸、胁密布细褐色鳞斑且胁棕色较重。栗色的头顶及后颈与灰色体背和尾对比明显，区别于其他。

食性：以昆虫为主食。

繁殖习性：繁殖期5～7月，每窝产卵4～6枚，孵卵期14～15天。

分布：中国东部、俄罗斯远东、朝鲜半岛及日本。

保护等级：LC；中俄、中韩。

红尾伯劳

雀形目 /PASSERIFORMES 夏候鸟 ★★☆☆☆
英文名：Brown Shrike　学名：*Lanius cristatus*

分类：雀形目＞伯劳科

鉴别特征：体长19厘米。雄鸟：眉纹延至额基，上体纯褐色，下体两胁皮黄色，尾红褐色且呈楔形。雌鸟：眉纹仅至眼部，下体胸、胁具鳞斑。尾红褐色且呈楔形，雄鸟翼黑色但无白斑而区别于其他雄伯劳。

食性：以昆虫及小型动物为食。

繁殖习性：繁殖期为5～7月，每窝产卵5～7枚，孵卵期14～15天。

分布：繁殖于中国东部及亚洲东北部；越冬于中国东南部、南亚及东南亚。

保护等级：LC；中俄、中韩、中日。

楔尾伯劳

雀形目/PASSERIFORMES　　冬候鸟 ★☆☆☆☆
英文名：Chinese Gray Shrike　　学名：*Lanius sphenocercus*

分类：雀形目>伯劳科

鉴别特征：体长31厘米。上体及腰灰色，翼黑色且具2个白斑，尾黑色而外缘白色，呈楔形。飞翔时，白色翼斑与肩羽相连，有振翼悬停动作。与灰伯劳区别在翼斑大，飞翔时更明显，腰灰色，尾为楔形。

食性：以昆虫为主食外，常捕食小型脊椎动物，如蜥蜴、小鸟及鼠类。

繁殖习性：繁殖期5～7月，每窝产卵5～6枚，孵卵期15～16天。

分布：中亚、西伯利亚东南部、朝鲜、中国北部及华东。

保护等级：LC；中俄、中韩、中日。

摄影：赵凯

摄影：付建智

灰树鹊

雀形目/PASSERIFORMES　　迷鸟 ★☆☆☆☆
英文名：Grey Treepie　　学名：*Dendrocitta formosae*

分类：雀形目>鸦科

鉴别特征：体长36～40厘米。上体棕褐色，翼黑色且有小白斑，头顶及枕部灰色，脸黑色。

食性：以节肢动物和果实为主，也吃蜥蜴等。

繁殖习性：繁殖期4～7月，每窝产卵3～5枚，孵卵期16～20天。

分布：中国东南部及东南亚、南亚。长岛保护区内曾记录于北隍城岛。

保护等级：LC。

摄影：丰淑亮

喜鹊

雀形目 /PASSERIFORMES　　留鸟 ★★★★★
英文名：Oriental Magpie　　学名：*Pica serica*

分类：雀形目＞鸦科

鉴别特征：体长45厘米。除肩部及腹部白色外，其余体黑色，飞翔时可见翼端白色，尾甚长具蓝色辉光。

食性：杂食性，以节肢动物和果实等为主食，也捕食小型鸟类，食腐和吃垃圾等。

繁殖习性：繁殖期为5～7月，每窝产卵4～9枚，孵卵期13～15天。

分布：欧洲及亚洲东部、中部。

保护等级：LC；中俄。

达乌里寒鸦

雀形目 /PASSERIFORMES　　旅鸟 ★☆☆☆☆
英文名：Daurian Jackdaw　　学名：*Corvus dauuricus*

分类：雀形目＞鸦科

鉴别特征：体长33厘米。成鸟：嘴形短且黑色，除后颈、胸、腹白色外，其余体黑色。亚成鸟：体羽全黑色，耳羽具银色细纹。与白颈鸦区别在体形小，嘴短，下体的白色区域大扩展至胸、腹。

食性：杂食性鸟类，取食范围甚广，包括垃圾、腐肉、植物种子、各种昆虫和鸟卵。

繁殖习性：繁殖期为4～6月，每窝产卵4～7枚，孵卵期20天。

分布：中国西部，蒙古和俄罗斯东南部至中国南部。

保护等级：LC；中俄、中韩、中日。

小嘴乌鸦	雀形目 /PASSERIFORMES	旅鸟 ★★☆☆☆
	英文名：Carrion Crow　　学名：*Corvus corone*	

分类：雀形目＞鸦科

鉴别特征：体长50厘米。全体黑色，嘴形细，上嘴缘较直，额弓平缓。与秃鼻乌鸦的区别在嘴基部被黑色羽。

食性：杂食性鸟类，以腐尸、垃圾等杂物为食，也取食植物的种子和果实。

繁殖习性：繁殖期4～7月，每窝产卵4～7枚，孵卵期18～21天。

分布：欧亚大陆、非洲东北部。

保护等级：LC；中俄。

大嘴乌鸦	雀形目 /PASSERIFORMES	旅鸟 ★☆☆☆☆
	英文名：Large-billed Crow　　学名：*Corvus macrorhynchos*	

分类：雀形目＞鸦科

鉴别特征：体长50厘米。全体黑色，嘴形粗大，上嘴峰呈圆弧形，额弓较圆。

食性：杂食性鸟类，以腐尸、垃圾等杂物为食，也取食植物的种子和果实。

繁殖习性：繁殖期3～6月，每窝产卵3～5枚，孵卵期26～30天。

分布：伊朗至中国、东南亚。

保护等级：LC。

煤山雀

雀形目/PASSERIFORMES　冬候鸟 ★★★★☆
英文名：Coal Tit　学名：*Periparus ater*

分类：雀形目＞山雀科

鉴别特征：体长11厘米。头黑色，脸部具白色三角形斑，颈背具白斑，翼灰具两翼斑，下体无纵纹，两胁深灰色。

食性：以昆虫及其幼虫为食，也吃少量小型无脊椎动物和植物性食物。

繁殖习性：繁殖期为4～6月，每窝产卵5～12枚，孵卵期12天。

分布：广泛分布于亚洲、欧洲和北非。

保护等级：LC；中俄。

黄腹山雀

雀形目/PASSERIFORMES　旅鸟 ★★★★☆
英文名：Yellow-bellied Tit　学名：*Pardaliparus venustulus*

分类：雀形目＞山雀科

鉴别特征：体长10厘米。雄鸟：头黑色且具白颊斑，后颈具白斑，翼具2道白点状翼斑，下体鲜黄色而无纵纹。雌鸟：雄鸟的黑色被灰绿色替代。尾甚短及下体鲜黄色而无纵纹，区别于其他山雀。

食性：以昆虫和昆虫幼虫为食，也吃少量小型无脊椎动物和植物性食物。

繁殖习性：繁殖期为4～6月，每窝产卵5～7枚，孵卵期12天。

分布：中国东部、中部。

保护等级：LC。

杂色山雀　　雀形目/PASSERIFORMES　　旅鸟 ★★☆☆☆
英文名：Varied Tit　　学名：*Sittiparus varius*

分类：雀形目＞山雀科

鉴别特征：体长12厘米。额、眼先及颊斑相连浅皮黄色，胸兜及头顶暗黑色，下体栗褐色。

食性：以昆虫和昆虫幼虫为食，也吃少量植物和种子。

繁殖习性：繁殖期为5～7月，每窝产卵5枚，孵卵期12天。

分布：中国东北及千岛群岛南部、日本、朝鲜半岛。

保护等级：LC。

大山雀　　雀形目/PASSERIFORMES　　留鸟 ★★★★★
英文名：Japanese Tit　　学名：*Parus minor*

分类：雀形目＞山雀科

鉴别特征：体长12～14厘米。白脸，后枕部有大白斑，颏黑色，腹侧白色，中央有一黑线，上体偏绿色。

食性：以昆虫等节肢动物和植物种子等为食。

繁殖习性：繁殖期为4～8月，每窝产卵5～12枚，孵卵期12～15天。

分布：亚洲东部。

保护等级：NE。

中华攀雀

雀形目 /PASSERIFORMES 夏候鸟 ★★★☆☆
英文名：Chinese Penduline Tit　　学名：*Remiz consobrinus*

分类：雀形目 > 攀雀科

鉴别特征：体长11厘米。雄鸟：嘴尖，黑色脸罩上具白眉下具白颊纹。雌鸟：脸罩为褐色。经常在芦苇上做杂技般的攀援动作。

食性：以昆虫和昆虫幼虫为食，也吃小型无脊椎动物，冬季多吃杂草种子、浆果和植物嫩芽。

繁殖习性：繁殖期为5～7月，每窝产卵3～9枚，孵卵期17～20天。

分布：俄罗斯的极东部及中国东北；迁徙至日本、朝鲜和中国东部。

保护等级：LC；中俄、中韩。

云雀

雀形目 /PASSERIFORMES 旅鸟 ★☆☆☆☆
英文名：Eurasian Skylark　　学名：*Alauda arvensis*

分类：雀形目 > 百灵科

鉴别特征：体长18厘米。嘴形尖细，顶冠具黑纵纹，竖起似羽冠，上体红褐色且具纵纹，下体胸具黑纵纹。与小云雀难区分，嘴形及顶冠黑纵纹的粗细有细微差别。

食性：以种子和昆虫为食。

繁殖习性：繁殖期4～7月，每窝产卵3～5枚，孵卵期11～14天。

分布：繁殖区于欧亚北部；越冬于欧亚南部及非洲北部。

保护等级：二级；LC；中俄、中韩。

棕扇尾莺

雀形目 /PASSERIFORMES　　旅鸟　★★☆☆☆
英文名：Zitting Cisticola　　学名：*Cisticola juncidis*

分类：雀形目＞扇尾莺科

鉴别特征：体长10厘米。头顶具黑褐纵纹杂以白斑，体背具粗黑色纵纹及白斑，红褐色扇形尾端白色、次端黑色。

食性：以昆虫和昆虫幼虫为食，也吃蜘蛛、蚂蚁等无脊椎动物和杂草种子等植物性食物。

繁殖习性：繁殖期为4～7月，每窝产卵3～6枚，孵卵期11～12天。

分布：欧亚南部、非洲、大洋洲。

保护等级：LC；中韩。

东方大苇莺

雀形目 /PASSERIFORMES　　夏候鸟　★★☆☆☆
英文名：Oriental Reed Warbler　　学名：*Acrocephalus orientalis*

分类：雀形目＞苇莺科

鉴别特征：体长19厘米。白眉于眼后模糊，喉、胸白色且具细纵纹，上体纯褐色，两胁、腹沾棕色，尾形长、端白色。

食性：以鳞翅目幼虫、水生昆虫等为食，也吃蜘蛛、蜗牛等无脊椎动物和少量植物果实和种子。

繁殖习性：繁殖期5～7月，每窝产卵4～6枚，孵卵期11～13天。

分布：繁殖于东亚；冬季迁徙至东南亚。

保护等级：LC；中俄、中韩、中日、中澳。

黑眉苇莺

雀形目 /PASSERIFORMES 夏候鸟 ★★☆☆

英文名：Black-browed Reed Warbler
学名：*Acrocephalus bistrigiceps*

分类：雀形目＞苇莺科

鉴别特征：体长13厘米。眼纹皮黄色，其上具黑色条纹，腰黄色，扇形尾黑色、端白色。

食性：以昆虫和幼虫为食，也吃蝗虫、甲虫、蜘蛛等无脊椎动物。

繁殖习性：繁殖期为5～7月，每窝产卵4～5枚，孵卵期14天。

分布：繁殖于东北亚；冬季至印度、中国南方及东南亚。

保护等级：LC；中俄、中韩、中日。

厚嘴苇莺

雀形目 /PASSERIFORMES 旅鸟 ★★☆☆

英文名：Thick-billed Warbler　　学名：*Arundinax aedon*

分类：雀形目＞苇莺科

鉴别特征：体长20厘米。嘴粗短，无眉纹而眼先皮黄色，上体纯褐色，下体暗棕色，尾长而凸。

食性：吃昆虫，甲虫、蜘蛛等动物性食物。

繁殖习性：繁殖期为5～8月，每窝产卵5～6枚，孵卵期11～14天。

分布：繁殖于古北界北部；越冬至印度、中国南方及东南亚。

保护等级：LC；中俄。

矛斑蝗莺

雀形目 /PASSERIFORMES　　旅鸟 ★☆☆☆☆
英文名：Lanceolated Warbler　　学名：*Locustella lanceolata*

分类：雀形目 > 蝗莺科

鉴别特征：体长12厘米。上体橄榄褐色且具黑色纵纹，两胁赭黄带细纵纹，脚粉色而形长，尾长、楔形。

食性：以昆虫及其幼虫为食，也吃小型无脊柱动物。

繁殖习性：繁殖期为6～8月，每窝产卵3～5枚，孵卵期11天。

分布：繁殖于欧亚北部；越冬于东南亚。

保护等级：LC；中俄、中韩、中日。

摄影：李在军

摄影：付建智

小蝗莺

雀形目 /PASSERIFORMES　　旅鸟 ★☆☆☆☆
英文名：Pallas's Grasshopper Warbler　　学名：*Locustella certhiola*

分类：雀形目 > 蝗莺科

鉴别特征：体长15厘米。眉皮黄色，上体体背橄榄褐且具黑纵纹，腰红色，翼及尾红褐色，楔形尾端白色次端黑色，下体近白色，胸及两胁沾橄榄褐色。幼鸟胸、胁橄榄褐色，具粗纵纹。

食性：以各种昆虫及其幼虫为主，偶尔也吃少量植物性食物。

繁殖习性：繁殖期为5～7月，每窝产卵4～6枚，孵卵期12天。

分布：繁殖于亚洲北部及中部；冬季至中国、东南亚。

保护等级：LC；中俄、中韩。

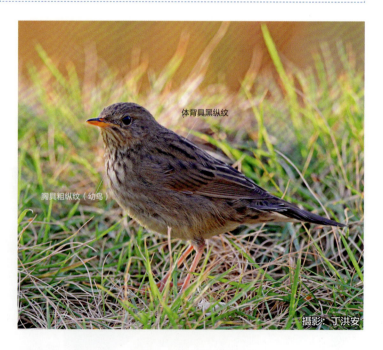
摄影：丁洪安

崖沙燕

雀形目 /PASSERIFORMES　　旅鸟 ★☆☆☆☆

英文名：Sand Martin　　学名：*Riparia riparia*

分类：雀形目 > 燕科

鉴别特征：体长12厘米。上体纯褐色，下体白色且具特征性的褐色胸带。飞翔时翼下褐黑色，翼长尾短，尾浅叉。

食性：捕食鞘翅目、双翅目、半翅目、膜翅目昆虫。

繁殖习性：繁殖期为5～7月，每窝产卵3枚，孵卵期12～14天。

分布：繁殖于欧亚和北美洲；越冬于东南亚、非洲及南美洲。

保护等级：LC；中俄、中韩、中日。

家燕

雀形目 /PASSERIFORMES　　夏候鸟 ★★★★☆

英文名：Barn Swallow　　学名：*Hirundo rustica*

分类：雀形目 > 燕科

鉴别特征：体长20厘米。喉及额基红色，红喉下具黑色胸带，叉形尾甚长，近端处具白斑，飞翔时翼下白色。

食性：捕食昆虫。

繁殖习性：1年2窝，第一窝4～6月，第二窝6～7月，每窝产卵3枚，孵卵期8～14天。

分布：全球广布。

保护等级：LC；中俄、中韩、中日、中澳。

烟腹毛脚燕

雀形目 / PASSERIFORMES　　旅鸟 ★☆☆☆☆
英文名：Asian House Martin　　学名：*Delichon dasypus*

分类：雀形目 > 燕科
鉴别特征：体长13厘米。上体蓝黑色，腰白色，尾黑色、浅叉，下体偏灰色，胸烟白色，脚被白羽。飞翔时翼下黑色。与毛脚燕区别为胸烟白色，下体偏灰色，腰白色区较大，尾开叉小。
食性：捕食飞行性昆虫。
繁殖习性：繁殖期为6～8月，每窝产卵3～5枚，孵卵期15～19天。
分布：繁殖于东亚；越冬于中国南部及东南亚、南亚。
保护等级：LC；中日、中韩。

金腰燕

雀形目 / PASSERIFORMES　　夏候鸟 ★★★★☆
英文名：Red-rumped Swallow　　学名：*Cecropis daurica*

分类：雀形目 > 燕科
鉴别特征：体长18厘米。脸侧及后颈栗红色，头顶及体背深钢蓝色，腰浅栗色具细纵纹，下体白色而多具黑色细纹，尾长而叉深。飞翔时翼下白色。
食性：以昆虫为食。
繁殖习性：繁殖期为4～9月，每年可繁殖2次，每窝产卵4～6枚，孵卵期17天。
分布：繁殖于欧亚大陆北部；冬季迁至非洲、印度南部及东南亚。
保护等级：LC；中俄、中日、中韩。

白头鹎（bēi）

雀形目 /PASSERIFORMES　　留鸟 ★★★★★
英文名：Light-vented Bulbul　　学名：*Pycnonotus sinensis*

分类：雀形目 > 鹎科
鉴别特征：体长19厘米。喉白头黑，由眼至后颈具大块白羽，耳羽具小白斑，上体灰绿色，翼、尾具绿黄色羽缘，下体胸、胁灰褐色，腹白色。
食性：杂食性鸟类，既食植物性物质，也食动物性物质，同时食性随季节而异。
繁殖习性：繁殖期为4~6月，最迟至10月，一季繁殖多次，每窝产卵3~5枚，孵卵期16天。
分布：中国东部和南部，以及越南北部。
保护等级：LC。

栗耳短脚鹎（bēi）

雀形目 /PASSERIFORMES　　冬候鸟 ★★★☆☆
英文名：Brown-eared Bulbul　　学名：*Hypsipetes amaurotis*

分类：雀形目 > 鹎科
鉴别特征：体长28厘米。体大，整体显灰色，耳羽栗色，上体顶冠及颈背灰具细白纹，两翼和尾褐灰色，下体喉灰白色，胸、胁灰具浅色纵纹，腹部偏白色，臀具黑白色横斑。
食性：杂食性，主要以忍冬、鼠李、小檗以及其他乔木和灌木的果实与种子为食，也吃部分昆虫。
繁殖习性：繁殖期为4~6月，每窝产卵4~5枚，孵卵期21~24天。
分布：于日本、中国台湾及菲律宾为留鸟；部分越冬于中国山东、辽宁和河北以及朝鲜。
保护等级：LC。

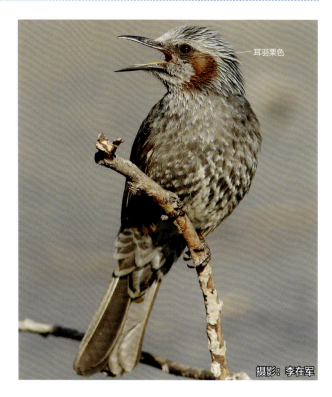

褐柳莺

雀形目 /PASSERIFORMES　　旅鸟 ★★☆☆☆
英文名：Dusky Warbler　　学名：*Phylloscopus fuscatus*

分类：雀形目 > 柳莺科

鉴别特征：体长11厘米。眉白色或前白后棕，嘴细短而下嘴基及嘴裂色淡，上体单一褐色，无翼斑，下体胸、胁黄褐色，脚褐色。上体纯褐色且无斑，嘴纤细而色深，腿细且褐色，尾下白色而腹褐色区别于其他柳莺。

食性：以昆虫为食。

繁殖习性：繁殖期为5～7月，每窝产卵4～6枚，孵卵期11天。

分布：繁殖于亚洲东北部和中国中北部；越冬于中国南方、日本南部及东南亚。

保护等级：LC；中俄、中韩。

巨嘴柳莺

雀形目 /PASSERIFORMES　　旅鸟 ★★★☆☆
英文名：Radde's Warbler　　学名：*Phylloscopus schwarzi*

分类：雀形目 > 柳莺科

鉴别特征：体长12厘米。整体显粗壮，嘴粗厚似山雀，眉前黄后乳白，脸侧及耳羽具散布的深色斑点，上体橄榄褐色而无斑，下体污白色，胸及胁沾皮黄色，臀黄褐色，脚黄褐色。

食性：主要为昆虫，有鞘翅目昆虫、蚂蚁、草籽及果实。

繁殖习性：繁殖期为5～7月，每窝产卵5枚，孵卵期10～12天。

分布：繁殖于东北亚；越冬于中国南方及中南半岛北部。

保护等级：LC；中俄、中韩。

黄腰柳莺

雀形目 /PASSERIFORMES 旅鸟 ★★★★☆
英文名：Pallas's Leaf Warbler 学名：*Phylloscopus proregulus*

分类：雀形目＞柳莺科

鉴别特征：体长9厘米。眉黄色（繁殖）或白色，顶冠纹白色，上体绿色而腰黄色，翼具2道黄翼斑，下体灰白色沾黄色。

食性：以昆虫及其幼虫为食，偶尔吃杂草种子。

繁殖习性：繁殖期为5～7月，每窝产卵3～6枚，孵卵期10～12天。

分布：繁殖于亚洲北部；越冬在印度、中国南方及中南半岛北部。

保护等级：LC；中俄、中韩。

黄眉柳莺

雀形目 /PASSERIFORMES 旅鸟 ★★★☆☆
英文名：Yellow-browed Warbler
学名：*Phylloscopus inornatus*

分类：雀形目＞柳莺科

鉴别特征：体长11厘米。眉黄色（繁殖）或白色，无顶冠纹，上体橄榄绿色，翼具2道白翼斑，三级飞羽羽端白色。与黄腰柳莺区别在无顶冠纹，无黄腰；与两翼斑的柳莺可通过三级飞羽羽端白色区别。

食性：以昆虫及其幼虫为食，偶尔吃杂草种子。

繁殖习性：繁殖期为5～8月，每窝产卵2～5枚，孵卵期10～12天。

分布：繁殖于亚洲北部及中国东北；越冬于南亚和东南亚。

保护等级：LC；中俄、中韩、中日。

极北柳莺

雀形目 /PASSERIFORMES　　旅鸟 ★★☆☆☆
英文名：Arctic Warbler　　学名：*Phylloscopus borealis*

分类：雀形目 > 柳莺科

鉴别特征：体长12厘米。嘴粗大，下嘴色淡，具黄（繁殖）白色眉纹，上体橄榄色，翼具甚浅的1道或2道翼斑，翼缘绿色明显，两胁褐橄榄色，大翼斑一般可见，小翼斑模糊或无，顶冠色较淡或无。

食性：以昆虫及其幼虫为食，偶尔幼嫩树茎、草籽。

繁殖习性：繁殖期为6～7月，每窝产卵4～7枚，孵卵期10～12天。

分布：繁殖于欧洲北部、亚洲北部及阿拉斯加；冬季南迁至中国南方及东南亚。

保护等级：LC；中俄、中韩、中日、中澳。

摄影：董文晓

摄影：袁晓

双斑绿柳莺

雀形目 /PASSERIFORMES　　旅鸟 ★☆☆☆☆
英文名：Two-barred Warble
学名：*Phylloscopus plumbeitarsus*

分类：雀形目 > 柳莺科

鉴别特征：体长12厘米。眉白色、长，上体深绿色，顶冠对比性显灰色，具2道白翼斑，下体白色沾黄绿色，脚蓝灰，色深。较极北柳莺体小而圆。与黄眉柳莺的区别在嘴较长且下嘴基粉红色，三级飞羽无浅色羽端。

食性：以昆虫及其幼虫为食。

繁殖习性：繁殖期为5～8月，每窝产卵5～6枚，孵卵期10～12天。

分布：繁殖于东北亚及中国东北；越冬至泰国及印度支那。

保护等级：LC。

摄影：赵凯

摄影：赵凯

淡脚柳莺

雀形目 /PASSERIFORMES
英文名：Pale-legged Leaf Warbler
学名：*Phylloscopus tenellipes*

旅鸟 ★☆☆☆☆

分类：雀形目＞柳莺科

鉴别特征：体长12厘米。眉细长均匀，贯眼纹深褐色，头顶灰褐色与上体橄榄褐色有对比，翼具2道淡翼斑，脚淡粉色。与极北柳莺区别在体背褐色较重。有特殊的向下弹尾行为。

食性：以昆虫为食。

繁殖习性：繁殖期为5～7月，每窝产卵4～6枚，孵卵期14～16天。

分布：繁殖于中国东北、俄罗斯远东及朝鲜；越冬于中国南方和东南亚。

保护等级：LC；中俄、中韩、中日。

远东树莺

雀形目 /PASSERIFORMES
英文名：Manchurian Bush Warbler
学名：*Horornis canturians*

夏候鸟 ★★☆☆☆

分类：雀形目＞树莺科

鉴别特征：体长15～18厘米。皮黄色眉纹，头顶红褐色，头圆，上体纯褐色，下体灰色。腿比柳莺粗壮。

食性：以昆虫为食。

繁殖习性：繁殖期为5～7月，每窝产卵3～5枚，孵卵期15～16天。

分布：繁殖于中国华北、东北及朝鲜半岛；越冬于中国南方及中南半岛北部。

保护等级：LC；中俄、中韩。

银喉长尾山雀

雀形目 /PASSERIFORMES　　冬候鸟 ★★★☆☆
英文名：Silver-throated Bushtit
学名：*Aegithalos glaucogularis*

分类：雀形目＞长尾山雀科

鉴别特征：体长16厘米。黑色嘴短小、头圆且具黑色头顶及白色顶冠纹，脸侧银灰色，喉灰黑色，眼先至额基棕色，黑尾长而外侧白色。

食性：主要啄食昆虫，少量为植物种子。

繁殖习性：繁殖期为4～7月，每窝产卵9～10枚，孵卵期13天。

分布：见于整个欧洲及温带亚洲。

保护等级：LC；中俄。

摄影：赵凯

红胁绣眼鸟

雀形目 /PASSERIFORMES　　旅鸟 ★★★☆☆
英文名：Chestnut-flanked White-eye
学名：*Zosterops erythropleurus*

分类：雀形目＞绣眼鸟科

鉴别特征：体长12厘米。两胁栗红色，上体鲜亮绿色，具白色眼圈，下体白色，喉及臀部黄色，胸沾灰色。

食性：以昆虫为食，也吃蜘蛛等小型无脊椎动物及果实、花蜜等。

繁殖习性：繁殖期为4～7月，1年繁殖1～2窝，每窝产卵3～4枚，孵卵期10天。

分布：繁殖于中国东北及俄罗斯远东；越冬于中国西南及中南半岛。

保护等级：二级；LC；中俄、中韩。

摄影：付建智　　摄影：陈建中

暗绿绣眼鸟

雀形目 /PASSERIFORMES 夏候鸟 ★★★★☆

英文名：Swinhoe's White-eye　学名：*Zosterops simplex*

分类：雀形目>绣眼鸟科

鉴别特征：体长12厘米。眼圈白色，黄眉短，上体鲜亮绿橄榄色，下体喉及臀部黄色，胸及两胁灰色，腹白色。

食性：以昆虫等小型无脊椎动物，及果实、花蜜等为食。

繁殖习性：繁殖期为4～7月，1年繁殖1～2窝，每窝产卵3～4枚，孵卵期10天。

分布：中国东部及日本、缅甸及越南北部。

保护等级：LC；中俄。

鹪（jiāo）鹩（liáo）

雀形目 /PASSERIFORMES 旅鸟 ★★☆☆☆

英文名：Eurasian Wren　学名：*Troglodytes troglodytes*

分类：雀形目>鹪鹩科

鉴别特征：体长10厘米。嘴细，尾上翘，全身及尾黄褐色且具狭窄横斑，眉纹模糊细长。

食性：以昆虫为食。

繁殖习性：繁殖期为4～9月，每年繁殖2次，每窝产卵4～6枚，孵卵期12天。

分布：欧亚广泛分布。

保护等级：LC；中俄。

灰椋（liáng）鸟

雀形目 /PASSERIFORMES　　旅鸟 ★☆☆☆☆

英文名：White-cheeked Starling　　学名：*Spodiopsar cineraceus*

分类：雀形目＞椋鸟科

鉴别特征：体长24厘米。黄嘴尖细，全身污灰色，脸侧具白色丝状斑，飞翔时可见腰白色。雌鸟灰色少而色淡。

食性：以昆虫为食，也吃少量植物果实与种子。

繁殖习性：繁殖期为5～7月，每窝产卵5～7枚，孵卵期12～13天。

分布：西伯利亚、中国、日本、越南北部及缅甸北部、菲律宾。

保护等级：LC；中俄、中韩。

北椋（liáng）鸟

雀形目 /PASSERIFORMES　　旅鸟 ★☆☆☆☆

英文名：Daurian Starling　　学名：*Agropsar sturninus*

分类：雀形目＞椋鸟科

鉴别特征：体长18厘米。嘴黑色，头、颈及下体灰色，后枕具黑斑。体背、翼、尾黑色，翼具棕或白翼斑，腰棕黄色。腰棕黄色及翼具白斑与紫背椋鸟相似，区别在枕后具黑斑，颈背无栗色。

食性：主要以昆虫为食，也吃少量植物果实与种子。

繁殖习性：繁殖期为5～6月，每窝产卵5～7枚，孵卵期12～13天。

分布：繁殖于从外贝加尔至中国东北；冬季迁至东南亚。

保护等级：LC；中俄、中韩。

紫翅椋(liáng)鸟

雀形目/PASSERIFORMES 旅鸟 ★☆☆☆☆
英文名：Common Starling　学名：*Sturnus vulgaris*

分类：雀形目＞椋鸟科
鉴别特征：体长24厘米。体羽闪辉黑色、紫色，密布白色点斑。体羽新时为矛状、羽缘扇贝形，旧羽多消失。
食性：杂食性，以昆虫为食，但在秋冬季窃食果子或在稻田中啄食稻谷。
繁殖习性：繁殖期为4～6月，每窝产卵4～7枚，孵卵期12天。
分布：欧亚大陆。
保护等级：LC；中俄。

丝光椋(liáng)鸟

雀形目/PASSERIFORMES 旅鸟 ★★☆☆☆
英文名：Red-billed Starling　学名：*Spodiopsar sericeus*

分类：雀形目＞椋鸟科
鉴别特征：体长24厘米。嘴红尖黑，脚橘黄色，两翼及尾辉黑色，翼具白斑飞翔时可见。雄鸟：头侧淡白色，具丝状纹及黑色胸带，体背及下体灰。雌鸟：头侧褐色，可见白眉、白喉，整体淡褐色。
食性：以昆虫为食，也吃桑葚、榕果等植物果实与种子。
繁殖习性：繁殖期为4～6月，每窝产卵5～7枚，孵卵期12天。
分布：中国中南部、越南北部。
保护等级：LC。

白眉地鸫（dōng）

雀形目 /PASSERIFORMES　　旅鸟 ★★☆☆☆
英文名：Siberian Thrush　　学名：*Geokichla sibirica*

分类：雀形目 > 鸫科

鉴别特征：体长23厘米。雄鸟：白眉纹粗，全体石板灰黑色，下腹及尾下覆羽具白斑。雌鸟：上橄榄褐色，下体胸、胁具皮黄色鳞纹。雌鸟与具白眉的鸫区别是眉纹显散，脸颊有散状细纹，上体橄榄褐色。

食性：以昆虫及其幼虫为食，也吃蠕虫等小型无脊椎动物和少量植物果实与种子。

繁殖习性：繁殖期为5～7月，每窝产卵4～5枚，孵卵期12天。

分布：繁殖于中国东北及西伯利亚和日本；越冬于中国南方及东南亚。

保护等级：LC；中俄、中韩、中日。

虎斑地鸫（dōng）

雀形目 /PASSERIFORMES　　旅鸟 ★★★☆☆
英文名：White's Thrush　　学名：*Zoothera aurea*

分类：雀形目 > 鸫科

鉴别特征：体长28厘米。翼、尾褐色，全身布满粗大月牙形鳞状斑，臀白色，飞翔时翼下具2道白带。

食性：以昆虫和无脊椎动物为食，吃少量植物果实、种子和嫩叶等植物性食物。

繁殖习性：繁殖期为5～8月，每窝产卵4～5枚，孵卵期12天。

分布：繁殖于亚洲北部，越冬于中国南方及东南亚。

保护等级：LC；中俄、中韩、中日。

灰背鸫（dōng）

雀形目 /PASSERIFORMES 旅鸟 ★★★☆☆

英文名：Grey-backed Thrush　　学名：*Turdus hortulorum*

分类：雀形目＞鸫科

鉴别特征：体长26厘米。雄鸟：嘴黄色，喉、胸及上体灰色，两胁红色，腹中央及尾下覆羽白色，脚肉色，飞翔时翼下红色。雌鸟：喉及胸白色且具黑色点斑。雌鸟与黑胸鸫区别在胸白色而具黑色点斑。

食性：以昆虫和昆虫幼虫为食，此外也吃蚯蚓等其他动物和植物果实与种子等。

繁殖习性：繁殖期为5～8月，每窝产卵3～6枚，孵卵期14天。

分布：繁殖于中国东北、朝鲜及俄罗斯远东；越冬于中国南方。

保护等级：LC；中俄、中韩、中日。

白眉鸫（dōng）

雀形目 /PASSERIFORMES 旅鸟 ★☆☆☆☆

英文名：Eyebrowed Thrush　　学名：*Turdus obscurus*

分类：雀形目＞鸫科

鉴别特征：体长26厘米。头全灰色且具白眉及眼下斑，上体橄榄褐色，下体胸、胁褐色，腹白色；雌鸟头灰色但喉白色。

食性：以昆虫和昆虫幼虫为食，也吃小型动物和植物果实与种子等。

繁殖习性：繁殖期为5～7月，每窝产卵4～6枚，孵卵期12天。

分布：繁殖于古北界中部及东部；冬季迁徙至印度东北部、东南亚。

保护等级：LC；中俄、中韩。

白腹鸫（dōng）

雀形目 /PASSERIFORMES　　旅鸟 ★☆☆☆☆
英文名：Pale Thrush　　学名：*Turdus pallidus*

分类：雀形目 > 鸫科

鉴别特征：体长24厘米。雄鸟：头灰色，上体褐色，下体胸、胁染褐色。雌鸟：头顶褐色，脸侧灰色，喉白色。

食性：主要以昆虫和蜘蛛为食，也吃其他小型无脊椎动物和植物果实与种子。

繁殖习性：繁殖期为5~8月，一年繁殖2次，每窝产卵4~6枚，孵卵期13~14天。

分布：繁殖于东北亚；越冬于中国南方及日本。

保护等级：LC；中俄、中韩、中日。

赤颈鸫（dōng）

雀形目 /PASSERIFORMES　　旅鸟 ★☆☆☆☆
英文名：Red-throated Thrush　　学名：*Turdus ruficollis*

分类：雀形目 > 鸫科

鉴别特征：体长26厘米。颊、喉及颈栗红色，上体灰褐色，下体胸以下白色，具不明显暗纹。

食性：以昆虫为食，也吃其他小型无脊椎动物和植物果实与种子。

繁殖习性：繁殖期为5~7月，每窝产卵3~5枚，孵卵期10~12天。

分布：繁殖于亚洲北部；越冬至巴基斯坦、喜马拉雅山脉、中国西南部。

保护等级：LC；中俄、中韩。

斑鸫（dōng）

雀形目 /PASSERIFORMES　　旅鸟 ★★★★☆
英文名：Dusky Thrush　　学名：*Turdus eunomus*

分类：雀形目 > 鸫科

鉴别特征：体长25厘米。雄鸟：白眉粗显，耳羽黑色，翼具红色羽缘，腰红棕色，下体白色，胸具黑色鳞斑。雌鸟：体色较淡，上体暗褐纵纹不明显，翅色对比不明显，下体纵纹较稀疏。

食性：以昆虫、植物种子和果实等为食。

繁殖习性：繁殖期为5～8月，每窝产卵4～7枚，孵卵期12天。

分布：繁殖于西伯利亚；越冬于中国南方、韩国、日本及中南半岛北部。

保护等级：LC；中俄、中韩、中日。

红尾斑鸫（dōng）

雀形目 /PASSERIFORMES　　冬候鸟 ★★★☆☆
英文名：Naumann's Thrush　　学名：*Turdus naumanni*

分类：雀形目 > 鸫科

鉴别特征：体长25厘米。白眉经常染红色，翼缘红褐色，尾羽红褐色，胸、胁密布栗红色鳞状斑，脸有时沾红棕色。由斑鸫亚种提升为种，区别在眉纹红色，下体鳞状斑红色，尾红褐色。

食性：以昆虫为食。

繁殖习性：繁殖期为5～6月，每窝产卵4～5枚，孵卵期12天。

分布：繁殖于西伯利亚东部；越冬于中国东部、朝鲜和俄罗斯东南部。

保护等级：LC；中俄、中韩、中日。

红尾歌鸲（qú）

雀形目 /PASSERIFORMES
英文名：Rufous-tailed Robin　　学名：*Larivora sibilans*
旅鸟 ★☆☆☆☆

分类：雀形目＞鹟科

鉴别特征：体长13厘米。眉淡褐色模糊，上体橄榄褐色，尾棕色，下体胸具橄榄色扇贝形纹，腹下白色。

食性：以昆虫及其幼虫为食。

繁殖习性：繁殖期为6～7月，每窝产卵4～6枚，孵卵期14～16天。

分布：繁殖于东北亚；越冬至中国南方。

保护等级：LC；中俄、中韩、中日。

蓝歌鸲（qú）

雀形目 /PASSERIFORMES
英文名：Siberian Blue Robin　　学名：*Larivora cyane*
旅鸟 ★☆☆☆☆

分类：雀形目＞鹟科

鉴别特征：体长14厘米。雄鸟：眼先黑色，黑线由颊延至胸侧，上体青石蓝色，下体白色。雌鸟：上体橄榄褐色，喉及胸褐色并具皮黄色鳞状斑纹，腰及尾上覆羽沾蓝色。雌鸟蓝色腰为其典型特征。

食性：以昆虫为食。

繁殖习性：繁殖期为5～8月，每窝产卵4～7枚，孵卵期12天。

分布：繁殖于北亚；越冬于中国南方及东南亚。

保护等级：LC；中俄、中韩、中日。

红喉歌鸲（qú）

雀形目 /PASSERIFORMES　　旅鸟 ★★☆☆☆
英文名：Siberian Rubythroat　　学名：*Calliope calliope*

分类：雀形目>鹟科

鉴别特征：体长16厘米。雄鸟：具醒目的白眉纹和颊纹，眼先黑色，喉红色，上体纯褐色，下体胸、胁褐色，腹白色。雌鸟：似雄鸟，但无红色喉块，整体显褐色，胸、胁褐色，腹白色。又名红点颏。

食性：以昆虫为食，也吃少量野果及种子。

繁殖习性：繁殖期为4~6月，每窝产卵4~5枚，孵卵期12天。

分布：繁殖于东北亚；越冬于中国南方、南亚及东南亚。

保护等级：二级；LC；中俄、中韩、中日。

蓝喉歌鸲（qú）

雀形目 /PASSERIFORMES　　旅鸟 ★☆☆☆☆
英文名：Bluethroat　　学名：*Luscinia svecica*

分类：雀形目>鹟科

鉴别特征：体长14厘米。雄鸟：喉蓝色且具栗色斑块，外缘黑，下接栗色胸带，尾外侧红色。雌鸟：喉白色且外缘以黑纹，眉白、染黄色。又名蓝点颏。雌鸟眉白、染黄色，胸带由黑色点斑组成并与颊纹相连。

食性：以昆虫为食，也吃植物及种子。

繁殖习性：繁殖期为5~7月，每窝产卵4~7枚，孵卵期12天。

分布：繁殖于古北界、阿拉斯加；越冬于中国南方、南亚、东南亚、西亚及非洲中部。

保护等级：二级；LC；中俄、中韩、中日。

红胁蓝尾鸲（qú）

雀形目 /PASSERIFORMES
英文名：Orange-flanked Bush-robin　学名：*Tarsiger cyanurus*
旅鸟 ★★★★☆

分类：雀形目>鹟科

鉴别特征：体长15厘米。雄鸟：眉纹白色，上体及尾蓝色，下体白色，两胁橘黄色。雌鸟：眼纹先皮黄色，上体褐色而尾蓝色，下体白色，两胁橘黄色。

食性：以昆虫为食，也吃植物的果实及种子。

繁殖习性：繁殖期为5～8月，每窝产卵3～7枚，孵卵期12～15天。

分布：繁殖于亚洲和欧洲北部；越冬于中国南方、韩国、日本及中南半岛北部。

保护等级：LC；中俄、中韩、中日。

北红尾鸲（qú）

雀形目 /PASSERIFORMES
英文名：Daurian Redstart　学名：*Phoenicurus auroreus*
夏候鸟 ★★★★☆

分类：雀形目>鹟科

鉴别特征：体长15厘米。雄鸟：脸及喉黑色，胸以下栗红色，体背黑色，腰红色，黑翼具大白斑。雌鸟：上体较褐色，腰及尾侧红色，下体白色染褐色，尾下覆羽红色，翅具大白斑。

食性：主要以昆虫为食。

繁殖习性：繁殖期为4～7月，每窝产卵6～9枚，孵卵期12天。

分布：繁殖于中国中北部及东北亚；越冬于中国南部、韩国、日本及中南半岛北部。

保护等级：LC；中俄、中韩。

东亚石䳭（jí）

雀形目 /PASSERIFORMES　　旅鸟 ★★★☆☆
英文名：Stejneger's Stonechat　　学名：*Saxicola stejnegeri*

分类：雀形目＞鹟科

鉴别特征：体长14厘米。雄鸟：头及喉黑色，颈侧具白斑，体背、翼及尾黑色，腰白色，胸粉红色，腹以下白色。雌鸟：嘴小头圆，头无黑色，喉白色，腰棕色，下体黄褐色。

食性：以昆虫、小型动物为食，偶尔吃少量植物果实与种子。。

繁殖习性：繁殖期为4～7月，每窝产卵5～8枚，孵化期12天。

分布：繁殖于亚洲北部；越冬于亚洲南部。

保护等级：NE；中俄、中韩、中日。

蓝矶鸫（dōng）

雀形目 /PASSERIFORMES　　夏候鸟 ★★★☆☆
英文名：Blue Rock Thrush　　学名：*Monticola solitarius*

分类：雀形目＞鹟科

鉴别特征：体长23厘米。雄鸟：华北亚种头、胸及上体蓝色，腹以下深栗色，尾上覆羽及尾羽蓝色；华南亚种全身蓝色，翅黑及尾羽黑色。雌鸟：上体灰色沾蓝色，下体皮黄色而密布黑色鳞状斑纹。

食性：以昆虫为食。

繁殖习性：繁殖期为5～7月，每窝产卵3～6枚，孵化期12天。

分布：在中国南部和南欧为留鸟；在中国华北及朝鲜半岛、俄罗斯远东、北海道及中亚为候鸟；越冬于中国南部、南亚、东南亚、西亚及非洲北部。

保护等级：LC；中俄。

白喉矶鸫（dōng）

雀形目 /PASSERIFORMES 旅鸟 ★★☆☆☆
英文名：White-throated Rock Thrush 学名：*Monticola gularis*

分类：雀形目>鸫科
鉴别特征：体长19厘米。雄鸟：头顶蓝色，翅灰色且具蓝色肩羽及白翼斑，下体及腰栗红色。雌鸟：喉白色，全体黄褐色，具黑色扇贝形斑纹。
食性：以昆虫为食，主要为甲虫、蝼蛄、鳞翅目幼虫等。
繁殖习性：繁殖期为5～7月，每窝产卵6～8枚，孵卵期13～14天。
分布：繁殖于古北界的东北部；越冬于中国南方及东南亚。偶见于日本。
保护等级：LC；中俄、中韩。

灰纹鹟（wēng）

雀形目 /PASSERIFORMES 旅鸟 ★☆☆☆☆
英文名：Grey-streaked Flycatcher
学名：*Muscicapa griseisticta*

分类：雀形目>鹟科
鉴别特征：体长13厘米。上体灰褐色，具狭窄翼斑，下体胸、胁具褐灰纵纹，翼尖延至尾的中部，翼缘白色。
食性：以昆虫及其幼虫为食。
繁殖习性：繁殖期为6～7月，每窝产卵4～5枚，孵卵期12天。
分布：繁殖于东北亚；冬季迁徙至婆罗洲、菲律宾、苏拉威西岛及新几内亚。
保护等级：LC；中俄、中韩、中日。

乌鹟（wēng）

雀形目 /PASSERIFORMES 旅鸟 ★★☆☆☆

英文名：Dark-sided Flycatcher　学名：*Muscicapa sibirica*

分类：雀形目>鹟科

鉴别特征：体长13厘米。喉白色，具白色半颈环，上体深灰色，下体胸、胁具烟灰色块，翼长至尾的2/3。

食性：以昆虫及其幼虫为食，也吃少量植物种子。

繁殖习性：繁殖期为5～7月，每窝产卵3～6枚，孵卵期12天。

分布：繁殖于中国东北和青藏高原，以及日本和亚洲北部；越冬于中国南部及东南亚。

保护等级：LC；中俄、中韩、中日。

北灰鹟（wēng）

雀形目 /PASSERIFORMES 旅鸟 ★★☆☆☆

英文名：Asian Brown Flycatcher　学名：*Muscicapa dauurica*

分类：雀形目>鹟科

鉴别特征：体长13厘米。嘴黑色、下嘴基黄色，上体灰褐色，胸及两胁褐灰色且无纵纹，翼尖延至尾的中部。

食性：以昆虫为食。

繁殖习性：繁殖期为5～7月，每窝产卵3～6枚，孵卵期12天。

分布：繁殖于东北亚；冬季南迁至印度、东南亚等。

保护等级：LC；中俄、中韩、中日。

白眉姬(jī)鹟(wēng)

雀形目/PASSERIFORMES 旅鸟 ★☆☆☆☆
英文名：Yellow-rumped Flycatcher
学名：*Ficedula zanthopygia*

分类：雀形目＞鹟科

鉴别特征：体长13厘米。雄鸟：眉白色，翼黑色且具白翼斑，下体及腰黄色，臀下白色。雌鸟：上体腰黄色而其余暗绿色，下体淡黄色，喉、胸常具暗褐斑纹，翼具2道翼带及白翼缘而无白斑。

食性：以昆虫为食。

繁殖习性：繁殖期为5～7月，每窝产卵5～6枚，孵卵期12天。

分布：繁殖于东北亚；冬季南迁至中国南方、东南亚。

保护等级：LC；中俄、中韩、中日。

摄影：赵凯

摄影：赵凯

黄眉姬(jī)鹟(wēng)

雀形目/PASSERIFORMES 旅鸟 ★☆☆☆☆
英文名：Narcissus Flycatcher
学名：*Ficedula narcissina*

分类：雀形目＞鹟科

鉴别特征：体长13厘米。雄鸟：上体黑色，具黄眉、白翼斑，下体橘黄色，臀下白色。雌鸟：整体色纯，无深色腰、翼深褐色且无斑、无眉纹，下体白色沾棕色。

食性：以昆虫为食。

繁殖习性：繁殖期为5～7月，每窝产卵3～5枚，孵卵期12天。

分布：繁殖于东北亚；冬季至泰国南部、马来半岛、菲律宾及婆罗洲。

保护等级：LC；中俄、中韩、中日。

摄影：孙传保

摄影：丁洪安

鸲（qú）姬（jī）鹟（wēng）

雀形目/PASSERIFORMES　　旅鸟 ★☆☆☆☆
英文名：Mugimaki Flycatcher　　学名：*Ficedula mugimaki*

分类：雀形目>鹟科

鉴别特征：体长13厘米。雄鸟：上体黑色，白眉狭窄于眼后，翼黑色且具白斑，下体喉、胸及腹橘黄色，尾下白色，尾黑尾基侧白。雌鸟：上体包括腰褐色，下体除臀部外淡橘黄色，翼具翼带及白羽缘，尾无白色。

食性：以昆虫为食。

繁殖习性：繁殖期为5～7月，每窝产卵3～6枚，孵卵期12天。

分布：繁殖于亚洲北部；冬季南迁至东南亚。

保护等级：LC；中俄、中韩、中日。

红喉姬（jī）鹟（wēng）

雀形目/PASSERIFORMES　　旅鸟 ★☆☆☆☆
英文名：Taiga Flycatcher　　学名：*Ficedula albicilla*

分类：雀形目>鹟科

鉴别特征：体长13厘米。雄鸟：上体褐色，下体除喉红色外其余白色，尾黑色且基部外侧白色，冬季时喉红色消失。雌鸟：下体白色，胁沾污，尾黑色与上体颜色对比明显，且基部外侧为白色。

食性：以昆虫为食。

繁殖习性：繁殖期为5～7月，每窝产卵4～7枚，孵卵期12天。

分布：繁殖于古北界；冬季迁徙至中国、东南亚。

保护等级：LC；中俄、中韩。

白腹蓝鹟（wēng）

雀形目 /PASSERIFORMES 　　旅鸟 ★☆☆☆☆

英文名：Blue-and-white Flycatcher
学名：*Cyanoptila cyanomelana*

分类：雀形目 > 鹟科

鉴别特征：体长17厘米。雄鸟：上体闪光钴蓝色，喉及上胸近黑色，其余白色，尾基外侧白色。雌鸟：上体灰褐色，两翼及尾褐色，下体胸及胁褐色，喉中心及腹部白色。雌鸟体大、纯褐色而区别于其他。

食性：以昆虫为食。

繁殖习性：繁殖期为5~7月，每窝产卵3~5枚，孵卵期11~13天。

分布：繁殖于东北亚；冬季南迁至中国、马来半岛、菲律宾及大巽他群岛。

保护等级：LC；中俄、中韩、中日。

铜蓝鹟（wēng）

雀形目 /PASSERIFORMES 　　迷鸟 ★☆☆☆☆

英文名：Verditer Flycatcher　　学名：*Eumyias thalassinus*

分类：雀形目 > 鹟科

鉴别特征：体长13~16厘米。整体铜蓝色，尾下覆羽有2排波纹状的深蓝色斑纹，雄鸟眼先黑色，雌鸟深灰色。

食性：以昆虫为食。

繁殖习性：繁殖期为5~7月，每窝产卵3~6枚，孵卵期12天。

分布：中国南部及东南亚、南亚。长岛保护区2009年记录于大黑山岛。

保护等级：LC。

戴菊

雀形目 /PASSERIFORMES　　旅鸟 ★☆☆☆☆
英文名：Goldcrest　　学名：*Regulus regulus*

分类：雀形目＞戴菊科

鉴别特征：体长9厘米。体形娇小，整体偏绿色，翼上具黑白色图案，顶冠纹金黄色或橙红色（雄鸟），两侧缘以黑色侧冠纹，眼周及眼先白色。

食性：以各种昆虫、小型无脊椎动物为食，冬季也吃少量植物种子。

繁殖习性：繁殖期为5～7月，每窝产卵7～12枚，孵卵期14～16天。

分布：古北界，从欧洲至西伯利亚及日本，包括中亚、喜马拉雅山脉及中国。

保护等级：LC；中俄、中韩。

太平鸟

雀形目 /PASSERIFORMES　　冬候鸟 ★★☆☆☆
英文名：Bohemian Waxwing　　学名：*Bombycilla garrulus*

分类：雀形目＞太平鸟科

鉴别特征：体长18厘米。具冠羽，喉黑色，尾端黄色，尾下覆羽栗红色，翼黑具2白斑及黄色翼线。

食性：繁殖期主要以昆虫为食，秋后则以浆果为主食。

繁殖习性：繁殖期为5～7月，每窝产卵4～7枚，孵卵期14天。

分布：欧亚及北美的北部。

保护等级：LC；中俄、中韩、中日。

小太平鸟

雀形目 /PASSERIFORMES　　冬候鸟 ★★☆☆☆
英文名：Japanese Waxwing　　学名：*Bombycilla japonica*

分类：雀形目 > 太平鸟科

鉴别特征：体长16厘米。具冠羽，喉黑色，尾端红色，臀绯红色，翼灰黑色而羽尖绯红色，无白斑及黄色翼线。与太平鸟区别在尾端红色，翼无白斑及黄色翼线。

食性：繁殖期主要以昆虫为食，秋后则以浆果为主食。

繁殖习性：繁殖期为5～7月，每窝产卵4～7枚，孵卵期14天。

分布：繁殖于中国东北部及西伯利亚东部；越冬于中国东部、朝鲜半岛、日本及琉球群岛。

保护等级：NT；中俄、中韩、中日。

摄影：李在军

摄影：袁晓

领岩鹨（liù）

雀形目 /PASSERIFORMES　　旅鸟 ★☆☆☆☆
英文名：Alpine Accentor　　学名：*Prunella collaris*

分类：雀形目 > 岩鹨科

鉴别特征：体长17厘米。嘴黑色而下嘴基黄色，头、颈灰色而喉具黑点横斑，上体暗红色且具纵纹，腰红色，下体两胁浓栗色而具纵纹，大覆羽黑色，具2道点状翼斑。

食性：以昆虫为主，兼食蓼科和车前子及其他种类的果实等。

繁殖习性：繁殖期为6～7月，每窝产卵3～4枚，孵卵期15天。

分布：中国中西部及台湾，以及北亚、日本、中亚和南欧，部分个体南迁至华北东部越冬。

保护等级：LC；中俄、中韩。

摄影：张代富

摄影：张代富

棕眉山岩鹨（liù）

雀形目 /PASSERIFORMES　　旅鸟 ★★☆☆☆
英文名：Siberian Accentor　　学名：*Prunella montanella*

分类：雀形目 > 岩鹨科

鉴别特征：体长15厘米。头黑色，具棕黄色喉及眉、耳羽，上体红褐色，下体赭黄色，胁具栗红色纵纹。

食性：以各种昆虫和昆虫幼虫为食，也吃草籽、植物果实和种子等植物食物。

繁殖习性：繁殖期为6～7月，每窝产卵4～6枚，孵卵期12天。

分布：繁殖于西伯利亚；越冬于中国华北及东北南部，以及朝鲜半岛。

保护等级：LC；中俄、中韩。

摄影：李在军

摄影：陈建中

山麻雀

雀形目 /PASSERIFORMES　　夏候鸟 ★★★☆☆
英文名：Russet Sparrow　　学名：*Passer cinnamomeus*

分类：雀形目 > 雀科

鉴别特征：体长14厘米。雄鸟：喉黑色，脸侧白色且无斑，顶冠至背栗红色，体背具黑纵纹，翼具白斑。雌鸟：喉无黑斑，具狭长皮黄色眉纹，上体暗栗色，体背具纵纹，下体自喉至尾下白色沾黄色。

食性：杂食性鸟类，主要以植物性食物和昆虫为食，所吃动物性食物主要为昆虫。

繁殖习性：繁殖期为4～8月，每窝产卵4～6枚，孵卵期12天。

分布：中国华中、华南和华东，以及喜马拉雅山脉、朝鲜半岛、日本、中南半岛北部。

保护等级：LC；中日。

摄影：赵凯

摄影：赵凯

麻雀

雀形目/PASSERIFORMES 留鸟 ★★★★★
英文名：Eurasian Tree Sparrow　学名：*Passer montanus*

分类：雀形目＞雀科

鉴别特征：体长14厘米。喉黑色，脸侧白色且具小黑斑，颈背具完整灰白色领环，顶冠褐色，体背褐色，具纵纹。

食性：杂食性鸟类，以植物性食物和昆虫为食。

繁殖习性：繁殖期为3～7月，可产2窝卵，每窝产卵3～6枚，孵卵期14天。

分布：欧洲、中东、中亚和东亚、喜马拉雅山脉及东南亚。

保护等级：LC。

山鹡（jí）鸰（líng）

雀形目/PASSERIFORMES 夏候鸟 ★★☆☆☆
英文名：Forest Wagtail　学名：*Dendronanthus indicus*

分类：雀形目＞鹡鸰科

鉴别特征：体长17厘米。长眉纹，翼黑色且具2道白斑，胸具"丁"字形黑斑，脚肉粉色，尾部不停左右摆动。

食性：以昆虫、小型无脊椎动物为食。

繁殖习性：繁殖期为5～7月，每窝产卵3～6枚，孵卵期12～14天。

分布：繁殖在亚洲东部；冬季南移至印度、中国东南部、东南亚。

保护等级：LC；中俄、中日、中韩。

黄鹡（jí）鸰（líng）

雀形目 /PASSERIFORMES　　旅鸟 ★☆☆☆☆
英文名：Eastern Yellow Wagtail
学名：*Motacilla tschutschensis*

分类：雀形目 > 鹡鸰科

鉴别特征：体长17厘米。嘴、脚黑色，腰与体背颜色一致，下体鲜黄色，头部、眉纹及喉部颜色不同而有多个亚种：台湾亚种头橄榄绿色，眉黄色，喉黄色；东北亚种头黑色，无眉纹，颏白色而喉黄色；堪察加亚种头灰色，眉白色、喉黄色。冬羽与灰鹡鸰区别是腰与上体色一致，不是对比明显的黄色，脚黑色。

食性：以昆虫为食。

繁殖习性：繁殖期为5~7月，每窝产卵5~6枚，孵卵期14天。

分布：繁殖于中国北部及西伯利亚、阿拉斯加；越冬于中国南部、东南亚、新几内亚及澳大利亚北部。

保护等级：LC；中俄、中日、中韩、中澳。

灰鹡（jí）鸰（líng）

雀形目 /PASSERIFORMES　　夏候鸟 ★★☆☆☆
英文名：Gray Wagtail　　学名：*Motacilla cinerea*

分类：雀形目 > 鹡鸰科

鉴别特征：体长18厘米。冬羽：眉纹白色，喉白色，上体体背灰色而腰黄色，下体白色，臀黄色。夏羽：喉黑色、有白色颚纹。脚色淡，腰黄色与上体的灰色对比明显且臀黄色。而区别于其他鹡鸰。

食性：以昆虫、小型无脊椎动物为食。

繁殖习性：繁殖期为5~7月，每窝产卵4~6枚，孵卵期12天。

分布：繁殖于中国中北部、亚洲北部至欧洲；南迁至中国南部、非洲、南亚、东南亚至澳大利亚。

保护等级：LC；中俄、中日、中韩。

白鹡（jí）鸰（líng）

雀形目 /PASSERIFORMES　旅鸟 ★★★★☆
英文名：White Wagtail　　学名：*Motacilla alba*

分类：雀形目>鹡鸰科

鉴别特征：体长20厘米。额、脸及喉白色，胸具黑块，翼白色、翼覆盖黑色，脚黑色。因是否有过眼纹，头顶与体背的黑色、灰色而有多种亚种。

食性：以昆虫、小型无脊椎动物为食。

繁殖习性：繁殖期为4～7月，每窝产卵5～6枚，孵卵期14天。

分布：非洲、欧洲及亚洲；繁殖于东亚的个体南迁至东南亚及菲律宾越冬。

保护等级：LC；中俄、中日、中韩、中澳。

田鹨（liù）

雀形目 /PASSERIFORMES　旅鸟 ★☆☆☆☆
英文名：Richard's Pipit　　学名：*Anthus richardi*

分类：雀形目>鹡鸰科

鉴别特征：体长20厘米。眉纹皮黄色，具极细髭纹，上体褐黄色且具纵纹，下体胸色、胁棕黄色，胸具黑纵纹，脚粉红色而长，后爪甚长、肉色。脚黄褐色而长显体高，仅胸部有纵纹区别于大多数鹨。又名理氏鹨。

食性：夏季食昆虫，秋冬吃草籽。

繁殖习性：繁殖期为5～7月，每窝产卵4～6枚，孵卵期12天。

分布：繁殖于中国东部及蒙古、西伯利亚，越冬于中国南部及东南亚、南亚。

保护等级：LC；中俄、中日、中韩。

树鹨（liù）

雀形目 /PASSERIFORMES　　旅鸟 ★★★☆☆
英文名：Olive-backed Pipit　　学名：*Anthus hodgsoni*

分类：雀形目＞鹡鸰科
鉴别特征：体长15厘米。眉纹白粗，脸侧具白点斑，上体橄榄绿色且具纵纹，下体沾棕色，胸、胁具黑色粗纵纹，翼常具2翼斑。
食性：以昆虫、小型无脊椎动物、草籽等为食。
繁殖习性：繁殖期为6～7月，每窝产卵4～6枚，孵卵期13～15天。
分布：繁殖于中国东北、华北、西南及青藏高原，以及日本和北亚；越冬于中国南部、东南亚、南亚。
保护等级：LC；中俄、中日、中韩。

北鹨（liù）

雀形目 /PASSERIFORMES　　旅鸟 ★★☆☆☆
英文名：Pechora Pipit　　学名：*Anthus gustavi*

分类：雀形目＞鹡鸰科
鉴别特征：体长15厘米。上体黑褐色，背具"V"字形白色纵纹，翼具2翼斑，下体白色染棕色，胸、胁具粗黑纵纹，脚粉红色。又名白背鹨。体背褐色浓重而具2道"V"字形白色纵纹，区别于其他。
食性：以昆虫、小型无脊椎动物为食，偶食植物种子。
繁殖习性：繁殖期为6～7月，每窝产卵4～6枚，孵卵期12～13天。
分布：繁殖于接近北极圈的亚洲北部，以及中国东北东部；越冬于东南亚。
保护等级：LC；中俄、中日、中韩。

黄腹鹨（liù）

雀形目 /PASSERIFORMES　　旅鸟 ★☆☆☆☆
英文名：Buff-bellied Pipit　　学名：*Anthus rubescens*

分类：雀形目 > 鹡鸰科
鉴别特征：体长14～17厘米。夏羽：腹部黄色，具少量黑褐色纵斑，颈侧三角形黑斑暗淡。冬羽：腹部白色，胸部及两胁密布黑色纵纹，颈侧三角形黑斑明显。与树鹨的区别为：耳后没有白斑，眼先不是黑色。
食性：以昆虫等小型无脊椎动物和植物种子为食。
繁殖习性：繁殖期为6～8月，孵卵期14天，产卵数量通常5枚。
分布：繁殖于东北亚和北美洲北部；越冬于中国南部、朝鲜半岛、日本及北美洲南部。
保护等级：LC；中俄。

摄影：赵凯

燕雀

雀形目 /PASSERIFORMES　　旅鸟 ★★★★☆
英文名：Brambling　　学名：*Fringilla montifringilla*

分类：雀形目 > 燕雀科
鉴别特征：体长16厘米。雄鸟：嘴黄尖黑，头及颈背黑色，腰白色，翼黑色且具棕色肩羽、白翼带，喉、胸橙黄色，腹下白色。雌鸟：脸侧黄褐色，胸橙黄色，腹下白色。翼斑纹分明，喉、胸橙黄色而腰白色区别于其他。
食性：以草籽、果食、种子等植物性食物为食，尤以杂草种子最喜吃，也吃树木种子、果实。
繁殖习性：繁殖期为5～7月，每窝产卵5～7枚，孵卵期14天。
分布：繁殖于欧亚大陆北部；越冬于中国中东部和北部，以及日本、菲律宾及中东和南欧。
保护等级：LC；中俄、中日、中韩。

摄影：赵凯

锡嘴雀

雀形目/PASSERIFORMES 旅鸟 ★★☆☆☆
英文名：Hawfinch 学名：*Coccothraustes coccothraustes*

分类：雀形目＞燕雀科

鉴别特征：体长17厘米。嘴形粗大，眼先、嘴基及颏黑色，头顶暖褐色，颈侧及后颈灰色，下体淡黄褐色，臀白色。翼黑色且具白色大翼斑，嘴形粗大，尾短，区别于其他。

食性：以植物果实、种子为食，也吃昆虫。

繁殖习性：繁殖期为5～7月，每窝产卵3～7枚，孵卵期14天。

分布：欧亚大陆的温带区。

保护等级：LC；中俄、中日、中韩。

摄影：李在军

摄影：孙传保

黑尾蜡嘴雀

雀形目/PASSERIFORMES 旅鸟 ★☆☆☆☆
英文名：Chinese Grosbeak 学名：*Eophona migratoria*

分类：雀形目＞燕雀科

鉴别特征：体长17厘米。雄鸟：黄嘴硕大而端黑色，具黑色头罩，胁部具棕褐色块，翼黑具小白斑，翼尖白色。雌鸟：头部黑色几无，仅嘴周染黑色。与黑头蜡嘴雀区别在嘴黄色而尖黑色，黑色头罩大，胁部棕褐色。

食性：以种子、果实、嫩芽等植物性食物为食，也吃昆虫、小型无脊椎动物。

繁殖习性：繁殖期为5～7月，每窝产卵4～5枚，孵卵期14天。

分布：中国、俄罗斯西伯利亚东南部和远东南部、朝鲜、日本等地。

保护等级：LC；中俄、中日、中韩。

摄影：赵凯

摄影：赵凯

黑头蜡嘴雀

雀形目 /PASSERIFORMES　　旅鸟 ★☆☆☆☆
英文名：Japanese Grosbeak　　学名：*Eophona personata*

分类：雀形目＞燕雀科

鉴别特征：体长20厘米。雄雌同色，嘴黄色而无黑色，具黑色头罩，翼黑色且具小白斑。与黑尾蜡嘴雀区别在嘴全黄色而无黑色，黑色头罩小，胁部无棕褐色，翼尖黑色。

食性：以种子、果实、嫩芽等植物性食物为食，也吃昆虫、小型无脊椎动物。

繁殖习性：繁殖期为5～7月，每窝产卵4～5枚，孵卵期14天。

分布：繁殖于西伯利亚东部、中国东北、朝鲜及日本；越冬至中国南方。

保护等级：LC；中俄、中韩。

普通朱雀

雀形目 /PASSERIFORMES　　旅鸟 ★☆☆☆☆
英文名：Common Rosefinch　　学名：*Carpodacus erythrinus*

分类：雀形目＞燕雀科

鉴别特征：体长15厘米。雄鸟：头及上体红褐色，无眉纹，下体喉、胸红色，腹及尾下白色。雌鸟：头及上体灰褐色且具暗纵纹，下体白色沾污黄色，喉至胸及两胁具褐纵纹。

食性：以果实、种子等植物性食物为食，繁殖期间也吃部分昆虫。

繁殖习性：繁殖期为5～7月，每窝产卵3～6枚，孵卵期13～14天。

分布：繁殖于欧亚北部及中亚、中国西部及西北部；越冬南迁至印度、中南半岛北部及中国南方。

保护等级：LC；中俄、中韩。

北朱雀

雀形目 /PASSERIFORMES 旅鸟 ★☆☆☆☆
英文名：Pallas's Rosefinch　　学名：*Carpodacus roseus*

分类：雀形目>燕雀科

鉴别特征：体长16厘米。雄鸟：无对比性眉纹，额顶及颏霜白色，体背具黑纵纹，翼黑色且具2道白翼斑，腰红色，下体粉红色，臀白色。雌鸟：头顶红褐色，腰红色，胸部红褐色且具纵纹，腹白色。

食性：以草籽、灌木种子和农作物种子为食。

繁殖习性：繁殖期为5～7月，每窝产卵3～6枚，孵卵期14天。

分布：西伯利亚中部及东部至蒙古北部；冬季迁至中国北方、日本、朝鲜及哈萨克斯坦北部。

保护等级：二级；LC；中俄、中韩、中日。

金翅雀

雀形目 /PASSERIFORMES 留鸟 ★★★★★
英文名：Oriental Greenfinch　　学名：*Chloris sinica*

分类：雀形目>燕雀科

鉴别特征：体长13厘米。雄鸟：眼先黑色，下体黄色沾棕色，腰及臀黄色，翼具黄翼斑、白羽缘，叉形尾黑色而基黄色。雌鸟：色暗，体背橄榄褐色且具纵纹，黄翼斑较小。幼鸟：体色暗淡，下体具纵纹。

食性：以植物果实、种子、草籽和谷粒等农作物为食。

繁殖习性：繁殖期为3～8月，1年繁殖2～3窝，每窝产卵3～5枚，孵卵期12～14天。

分布：西伯利亚东南部、蒙古、日本、中国东部、越南。

保护等级：LC；中俄。

白腰朱顶雀

雀形目 /PASSERIFORMES　　旅鸟 ★☆☆☆☆
英文名：Common Redpoll　　学名：*Acanthis flammea*

分类：雀形目>燕雀科

鉴别特征：体长18厘米。雄鸟：嘴黄色而尖短，眼先及颏黑色，头顶红色，上体灰褐色且具纵纹，腰浅灰色或白色，胸粉红色，胁具纵纹，腹白色，翼黑褐色且具白翼带。雌鸟：似雄鸟但胸无粉红色。

食性：以高粱、小米和荞麦等谷物为食，也吃大量种子和一些昆虫。

繁殖习性：繁殖期为5~7月，每窝产卵4~6枚，孵卵期12~14天。

分布：全北界的北部。繁殖于北方的针叶林区；越冬于温带林区。

保护等级：LC；中俄、中韩、中日。

红交嘴雀

雀形目 /PASSERIFORMES　　旅鸟 ★☆☆☆☆
英文名：Red Crossbill　　学名：*Loxia curvirostra*

分类：雀形目>燕雀科

鉴别特征：体长16厘米。雄鸟：圆拱形嘴上下交错，除翼、尾黑褐色外，体显红色，翼无斑，耳羽外缘黑色。雌鸟：似雄鸟，但耳羽及上体暗灰色，下体为暗橄榄绿。

食性：以针叶树种子、灌木种子和果实及草籽、昆虫为食。

繁殖习性：繁殖期为5~8月，每窝产卵3~5枚，孵卵期18天。

分布：全北界及中国西南高山区的温带针叶林。

保护等级：二级；LC；中韩、中日。

黄雀

雀形目 /PASSERIFORMES　　冬候鸟 ★★★☆☆

英文名：Eurasian Siskin　　学名：*Spinus spinus*

分类：雀形目>燕雀科

鉴别特征：体长12厘米。雄鸟：顶冠及颏黑色，耳羽外缘黄色，体背橄榄绿，腰黄色，胸黄色，腹白色，胁具黑纵纹，翼黑色且具2道黄色翼带及羽缘，叉形尾黑色而基黄色。雌鸟：体色暗淡，胸及胁具纵纹。

食性：以多种植物的果实和种子为食，也吃作物和杂草种子以及少量昆虫。

繁殖习性：繁殖期为5～7月，每窝产卵4～6枚，孵卵期12天。

分布：繁殖于中国北部、东北亚及欧洲北部；越冬于中国南部、日本及欧洲中南部。

保护等级：LC；中俄、中韩、中日。

西南灰眉岩鹀（wú）

雀形目 /PASSERIFORMES　　旅鸟 ★☆☆☆☆

英文名：Southern Rock Bunting　　学名：*Emberiza yunnanensis*

分类：雀形目>鹀科

鉴别特征：体长17厘米。雄鸟：头及前胸灰色，具灰冠纹、灰眉，眼先及颊纹黑色，下体胸以下棕色且无纵纹。雌鸟：似雄鸟但色淡，头顶杂有白斑。

食性：以杂草种子为食。

繁殖习性：繁殖期为4～7月，每窝产卵4～6枚，孵卵期9～10天。

分布：中国中西部和北部，以及阿尔泰山、俄罗斯、蒙古、缅甸东北部。

保护等级：LC；中俄。

三道眉草鹀（wú）

雀形目 /PASSERIFORMES　　留鸟 ★★★★☆
英文名：Meadow Bunting　　学名：*Emberiza cioides*

分类：雀形目＞鹀科

鉴别特征：体长16厘米。雄鸟：头顶红褐色，耳羽红褐色或黑色，具白眉纹、白颊纹与黑颚纹3道纹，下体栗红色，腹部无栗色斑块。雌鸟：似雄鸟，但色较淡，耳羽淡褐色，头顶具细纵纹。

食性：冬春季以野生草种为主，夏季以昆虫为主。

繁殖习性：繁殖期为4～7月，每窝产卵3～6枚，孵卵期12～13天。

分布：西伯利亚南部、蒙古、中国北部及东部，东至日本。

保护等级：LC；中俄。

白眉鹀（wú）

雀形目 /PASSERIFORMES　　旅鸟 ★★☆☆☆
英文名：Tristram's Bunting　　学名：*Emberiza tristrami*

分类：雀形目＞鹀科

鉴别特征：体长15厘米。雄鸟：头黑喉黑，具白顶冠纹、眉纹及颊纹，胸、胁红褐色，具不明显纵纹。雌鸟：头部色暗淡，头顶黑色、眉黄褐色。雌鸟与白眉鹀区别在胸、胁红褐色而具不明显纵纹。

食性：主食植物种子。

繁殖习性：繁殖期为5～7月，1年繁殖1窝，也见繁殖2窝，每窝产卵5～6枚，孵卵期13～14天。

分布：中国东北及西伯利亚的邻近地区；越冬至中国南方，偶尔在缅甸北部及越南北部有见。

保护等级：LC；中俄、中韩、中日。

栗耳鹀（wú）

雀形目 /PASSERIFORMES　旅鸟 ★★☆☆☆
英文名：Chestnut-eared Bunting　学名：*Emberiza fucata*

分类：雀形目＞鹀科
鉴别特征：体长16厘米。雄鸟：头顶及后颈灰色，无眉纹，耳羽栗红色，颊纹白色，黑髭纹融入胸纹。胸具栗色胸环。雌鸟：羽色淡，胸无栗色胸环而仅有1道黑色纵纹胸环，且与黑髭纹相连。
食性：以杂草种子为食。
繁殖习性：繁殖期为4～7月，每窝产卵4～6枚，孵卵期9～10天。
分布：繁殖于中国东北及俄罗斯远东、朝鲜半岛、日本；越冬于中国南部、东南亚及喜马拉雅山麓。
保护等级：LC；中俄、中韩、中日。

摄影：赵凯

摄影：赵凯

小鹀（wú）

雀形目 /PASSERIFORMES　旅鸟 ★★★★☆
英文名：Little Bunting　学名：*Emberiza pusilla*

分类：雀形目＞鹀科
鉴别特征：体长13厘米。体小，栗红色的眼先与耳羽相连，缘以外侧的黑色缘边，区别于其他。
食性：以杂草种子为食。
繁殖习性：繁殖期为6～7月，每窝产卵4～6枚，孵卵期11～12天。
分布：繁殖在欧亚大陆北部及中国东北；越冬于中国南部及缅甸、印度东北部。
保护等级：LC；中俄、中韩、中日。

摄影：赵凯

摄影：赵凯

黄眉鹀（wú）

雀形目 /PASSERIFORMES　旅鸟 ★★☆☆☆
英文名：Yellow-browed Bunting　　学名：*Emberiza chrysophrys*

分类：雀形目＞鹀科

鉴别特征：体长15厘米。雄鸟：头黑（繁殖期）喉白，眉纹前黄后白，头顶后侧有白细纹，耳羽褐缘黑且具白色大点斑。雌鸟：体色较淡，耳羽褐色。

食性：杂食性，主要以杂草种子、叶芽和植物碎片等为食，也吃昆虫。

繁殖习性：繁殖期为6～7月，每窝产卵4枚，孵卵期9～10天。

分布：繁殖于俄罗斯贝加尔湖以北；越冬在中国南方。

保护等级：LC；中俄、中韩。

田鹀（wú）

雀形目 /PASSERIFORMES　旅鸟 ★★☆☆☆
英文名：Rustic Bunting　　学名：*Emberiza rustica*

分类：雀形目＞鹀科

鉴别特征：体长15厘米。雄鸟：头黑喉白，略具黑色羽冠，白眉纹从眼部开始后延，腰红色并具独特褐红色鳞纹，胸、胁具红褐色粗纵纹。雌鸟：体淡褐色，黑色羽冠变为褐色并具细纵纹。

食性：以草籽、谷物为主要食物。

繁殖习性：繁殖期为5～7月，每窝产卵4～6枚，孵卵期12～13天。

分布：繁殖于欧亚大陆北部的泰加林；越冬至中国东部及日本、朝鲜半岛。

保护等级：VU；中俄、中韩、中日。

黄喉鹀（wú）

雀形目 /PASSERIFORMES　　旅鸟 ★★★★☆
英文名：Yellow-throated Bunting　　学名：*Emberiza elegans*

分类：雀形目＞鹀科

鉴别特征：体长15厘米。雄鸟：喉黄色，眉纹白中间黄，脸部具黑色脸罩，胸具黑色三角形块。雌鸟：体色较淡，无胸块，喉淡黄色，脸罩淡褐色，羽冠淡褐色，侧冠纹淡黄色。

食性：以杂草种子为食。

繁殖习性：繁殖期为4～7月，每窝产卵4～6枚，孵卵期9～10天。

分布：繁殖于中国东北及西南，以及俄罗斯远东和朝鲜半岛；越冬于中国东南及日本。

保护等级：LC；中俄、中韩。

黄胸鹀（wú）

雀形目 /PASSERIFORMES　　旅鸟 ★★☆☆☆
英文名：Yellow-breasted Bunting　　学名：*Emberiza aureola*

分类：雀形目＞鹀科

鉴别特征：体长14～16厘米。具特征性白色肩斑及狭窄的白色翼带。雄鸟：脸及喉黑色，具黄色的领环与栗色胸带。雌鸟：下体鲜黄色而无斑。翼上白色斑块飞行时明显可见。

食性：主食植物种子。

繁殖习性：繁殖期为5～7月，每窝产卵4～5枚，孵卵期13～14天。

分布：繁殖于西伯利亚至中国东北；越冬至中国南方及东南亚和喜马拉雅山麓。

保护等级：一级；CR；中俄、中韩。

栗鹀（wú）

雀形目 /PASSERIFORMES　　旅鸟 ★★☆☆☆
英文名：Chestnut Bunting　　学名：*Emberiza rutila*

分类：雀形目＞鹀科

鉴别特征：体长15厘米。雄鸟：头、上体及胸栗色而腹部黄色，胁有不明显细纵纹，腰栗红色。雌鸟：下体黄色，胸、胁具细黑纵纹，腰棕红色并有淡羽缘，无翼斑，尾部无白色外缘。

食性：以植物性食物为主，兼食昆虫。

繁殖习性：繁殖期为6～8月，每窝产卵4～5枚，孵卵期12～13天。

分布：西伯利亚、蒙古、中国、印度和东南亚。

保护等级：LC；中俄、中韩。

灰头鹀（wú）

雀形目 /PASSERIFORMES　　旅鸟 ★★★★☆
英文名：Black-faced Bunting　　学名：*Emberiza spodocephala*

分类：雀形目＞鹀科

鉴别特征：体长14厘米。雄鸟：头、颈、胸灰色，眼先及颏黑色，无眉纹，下体淡黄色，胸污色。雌鸟：淡眉纹不明显，颊纹皮黄色，头部污灰色，胸、胁具纵纹，胸部显污色。因头部眉纹、喉色有多个亚种。

食性：主食植物种子。

繁殖习性：繁殖期为5～7月，每窝产卵4～6枚，孵卵期12～13天。

分布：繁殖于西伯利亚、日本、中国东北及中西部；越冬至中国南方。

保护等级：LC；中俄、中韩、中日。

苇鹀（wú）

雀形目 / PASSERIFORMES　　旅鸟　★★☆☆☆
英文名：Pallas's Reed Bunting　　学名：*Emberiza pallasi*

分类：雀形目＞鹀科

鉴别特征：体14厘米。雄鸟：头黑色，白色颊纹与白颈环相连，上嘴平直，无眉纹，小覆羽灰色；非繁殖时无黑头，可见眉纹，耳羽黄褐染黑。雌鸟：耳羽、头沙棕色，眉棕白色而不明显。

食性：主要食芦苇种子，杂草种子，也食越冬昆虫、虫卵及少量谷物。

繁殖习性：繁殖期为5～7月，每窝产卵4～5枚，孵卵期12～13天。

分布：亚洲及东欧。

保护等级：LC；中俄、中韩、中日。

摄影：陈建中

摄影：赵凯

主要参考文献

高玮. 中国隼形目鸟类生态学[M]. 北京: 科学出版社, 2002.

刘阳, 陈水华. 中国鸟类观察手册[M]. 长沙: 湖南科学技术出版社, 2021.

侯韵秋, 李重和, 刘岱基等. 中国东部沿海地区春季猛禽迁徙规律与气象关系的研究[J]. 林业科学研究, 1998, 4(1): 24-29.

侯韵秋, 杨若莉, 刘岱基等. 中国东部沿海地区猛禽迁徙规律研究[J]. 林业科学研究, 1990, 3(3): 207-214.

全国鸟类环志办公室, 全国鸟类环志中心. 中国鸟类环志年鉴[M]. 兰州: 甘肃科学技术出版社, 1987.

许维枢. 中国猛禽(鹰隼类)[M]. 北京: 中国林业出版社, 1995.

约翰·马敬能. 中国鸟类野外手册(马敬能新编版)[M]. 北京: 商务印书馆, 2020.

于国祥, 谢茂文, 陈雅楠, 等. 山东长岛凤头蜂鹰的种群动态及秋季迁徙[J]. 林业科学, 2022, 58(4): 119-127.

于国祥, 谢茂文, 陈雅楠. 山东长岛鸟类多样性研究[J]. 绿色科技, 2022, 24(4): 141-144.

张孚允, 杨若莉. 中国鸟类迁徙研究[M]. 北京: 中国林业出版社, 1997.

郑光美. 鸟类学(第2版)[M]. 北京: 北京师范大学出版社, 2012.

郑光美. 中国鸟类分类与分布名录(第四版)[M]. 北京: 科学出版社, 2023.

del Hoyo J, Collar N J. Illustrated checklist of the birds of the world, Vol. 1. [M]. Barcelona: Lynx Edicions, 2014.

del Hoyo J, Collar N J. Illustrated checklist of the birds of the world, Vol. 2. [M]. Barcelona: Lynx Edicions, 2016.

Xu H, Yang Z, Liu D, et al. Autumn migration routes of fledgling Chinese Egrets (*Egretta eulophotes*) in Northeast China and their implications for conservation [J]. Avian Research, 2022, 13(1): 9.

Daojian S. A preliminary study on reproduction of White-fronted Shearwater (*Puffinus Leucomelas*) [J]. Zoological Research, 1993, 14(2): 117-142.

Richner H. Temporal and spatial patterns in the abundance of wintering Red-breasted Mergansers *Mergus serrator* [J]. Ibis, 1988, 130(1): 73-78.

附录：长岛保护区鸟类名录

序号	种名	学名	英文名	保护级别	IUCN	中国红色名录	居留型	常见程度
			鸡形目					
			雉科					
1	鹌鹑*	Coturnix japonica	Japanese Quail		NT	LC	旅鸟	★★☆☆☆
			雁形目					
			鸭科					
2	鸿雁	Anser cygnoides	Swan Goose	二级	VU	VU	旅鸟	★☆☆☆☆
3	豆雁	Anser fabalis	Bean Goose		LC	LC	旅鸟	★☆☆☆☆
4	短嘴豆雁	Anser serrirostris	Tundra Bean Goose		NE	LC	旅鸟	★☆☆☆☆
5	灰雁	Anser anser	Graylag Goose		LC	LC	旅鸟	★☆☆☆☆
6	白额雁	Anser albifrons	White-fronted Goose	二级	LC	LC	旅鸟	★☆☆☆☆
7	小白额雁	Anser erythropus	Lesser White-fronted Goose	二级	VU	LC	旅鸟	★☆☆☆☆
8	斑头雁	Anser indicus	Bar-headed Goose		LC	LC	迷鸟	☆☆☆☆☆
9	黑雁	Branta bernicla	Brant Goose		LC	DD（NE）	迷鸟	★☆☆☆☆
10	疣鼻天鹅	Cygnus olor	Mute Swan	二级	LC	NT	旅鸟	★☆☆☆☆
11	小天鹅	Cygnus columbianus	Tundra Swan	二级	LC	NT	旅鸟	★☆☆☆☆
12	大天鹅	Cygnus cygnus	Whooper Swan	二级	LC	NT	旅鸟	★☆☆☆☆
13	翘鼻麻鸭*	Tadorna tadorna	Common Shelduck		LC	LC	冬候鸟	★★☆☆☆
14	赤麻鸭	Tadorna ferruginea	Ruddy Shelduck		LC	LC	旅鸟	★☆☆☆☆
15	鸳鸯*	Aix galericulata	Mandarin Duck	二级	LC	NT	旅鸟	★★☆☆☆
16	赤膀鸭	Mareca strepera	Gadwall		LC	LC	旅鸟	★☆☆☆☆
17	罗纹鸭	Mareca falcata	Falcated Duck		NT	NT	旅鸟	★☆☆☆☆
18	赤颈鸭	Mareca penelope	Eurasian Wigeon		LC	LC	旅鸟	★☆☆☆☆
19	绿头鸭*	Anas platyrhynchos	Mallard		LC	LC	旅鸟	★★★☆☆
20	斑嘴鸭*	Anas zonorhyncha	Chinese Spot-billed Duck		LC	LC	旅鸟	★★★☆☆
21	针尾鸭	Anas acuta	Northern Pintail		LC	LC	旅鸟	★☆☆☆☆
22	绿翅鸭	Anas crecca	Eurasian Teal		LC	LC	旅鸟	★☆☆☆☆
23	琵嘴鸭	Spatula clypeata	Northern Shoveler		LC	LC	旅鸟	★☆☆☆☆
24	白眉鸭	Spatula querquedula	Garganey		LC	LC	旅鸟	★☆☆☆☆
25	花脸鸭	Sibirionetta formosa	Baikal Teal	二级	LC	NT	旅鸟	★☆☆☆☆
26	红头潜鸭	Aythya ferina	Common Pochard		VU	LC	旅鸟	★☆☆☆☆
27	青头潜鸭	Aythya baeri	Baer's Pochard	一级	CR	CR	旅鸟	★☆☆☆☆
28	白眼潜鸭	Aythya nyroca	Ferruginous Duck		NT	NT	旅鸟	★☆☆☆☆
29	凤头潜鸭	Aythya fuligula	Tufted Duck		LC	LC	旅鸟	★☆☆☆☆
30	斑背潜鸭	Aythya marila	Greater Scaup		LC	LC	旅鸟	★☆☆☆☆
31	鹊鸭	Bucephala clangula	Common Goldeneye		LC	LC	旅鸟	★☆☆☆☆
32	斑头秋沙鸭	Mergellus albellus	Smew	二级	LC	LC	旅鸟	★☆☆☆☆
33	普通秋沙鸭*	Mergus merganser	Common Merganser		LC	LC	冬候鸟	★★☆☆☆

注：*表示笔者在2022—2023年长岛调查中记录到的鸟种。

（续）

序号	种名	学名	英文名	保护级别	IUCN	中国红色名录	居留型	常见程度
34	红胸秋沙鸭*	*Mergus serrator*	Red-breasted Merganser		LC	LC	冬候鸟	★★★☆☆
35	中华秋沙鸭	*Mergus squamatus*	Scaly-sided Merganser	一级	EN	EN	旅鸟	☆☆☆☆☆
36	赤嘴潜鸭	*Netta rufina*	Red-crested Pochard		LC	LC	旅鸟	★☆☆☆☆
37	丑鸭	*Histrionicus histrionicus*	Harlequin Duck		LC	LC	冬候鸟	★☆☆☆☆
38	长尾鸭	*Clangula hyemalis*	Long-tailed Duck		VU	EN	冬候鸟	★☆☆☆☆
39	斑脸海番鸭*	*Melanitta stejnegeri*	Siberian Scoter		LC	NT	冬候鸟	★★☆☆☆
			䴙䴘目					
			䴙䴘科					
40	小䴙䴘*	*Tachybaptus ruficollis*	Little Grebe		LC	LC	旅鸟	★★★☆☆
41	赤颈䴙䴘	*Podiceps grisegena*	Red-necked Grebe	二级	LC	NT	旅鸟	☆☆☆☆☆
42	凤头䴙䴘*	*Podiceps cristatus*	Great Crested Grebe		LC	LC	旅鸟	★★☆☆☆
43	角䴙䴘	*Podiceps auritus*	Horned Grebe	二级	VU	NT	旅鸟	☆☆☆☆☆
44	黑颈䴙䴘	*Podiceps nigricollis*	Black-necked Grebe	二级	LC	LC	旅鸟	☆☆☆☆☆
			鸽形目					
			鸠鸽科					
45	岩鸽	*Columba rupestris*	Hill Pigeon		LC	LC	旅鸟	★☆☆☆☆
46	山斑鸠*	*Streptopelia orientalis*	Oriental Turtle Dove		LC	LC	留鸟	★★★★☆
47	灰斑鸠	*Streptopelia decaocto*	Eurasian Collared Dove		LC	LC	旅鸟	★☆☆☆☆
48	火斑鸠	*Streptopelia tranquebarica*	Red Turtle Dove		LC	LC	旅鸟	★☆☆☆☆
49	珠颈斑鸠*	*Streptopelia chinensis*	Spotted Dove		LC	LC	留鸟	★★☆☆☆
50	红翅绿鸠	*Treron sieboldii*	White-bellied Green Pigeon	二级	LC	LC	迷鸟	★☆☆☆☆
			夜鹰目					
			夜鹰科					
51	普通夜鹰	*Caprimulgus jotaka*	Grey Nightjar		LC	LC	夏候鸟	★★☆☆☆
			雨燕科					
52	白喉针尾雨燕*	*Hirundapus caudacutus*	White-throated Needletail		LC	LC	旅鸟	★★☆☆☆
53	普通雨燕	*Apus apus*	Common Swift		LC	LC	夏候鸟	★☆☆☆☆
54	白腰雨燕*	*Apus pacificus*	Fork-tailed Swift		LC	LC	夏候鸟	★★★★☆
			鹃形目					
			杜鹃科					
55	大鹰鹃	*Hierococcyx sparverioides*	Large Hawk-cuckoo		LC	LC	夏候鸟	★☆☆☆☆
56	北棕腹鹰鹃	*Hierococcyx hyperythrus*	Northern Hawk-cuckoo		LC	LC	夏候鸟	★★☆☆☆
57	小杜鹃	*Cuculus poliocephalus*	Lesser Cuckoo		LC	LC	夏候鸟	★☆☆☆☆
58	四声杜鹃	*Cuculus micropterus*	Indian Cuckoo		LC	LC	夏候鸟	★★☆☆☆
59	中杜鹃	*Cuculus saturatus*	Himalayan Cuckoo		LC	LC	夏候鸟	★☆☆☆☆
60	大杜鹃	*Cuculus canorus*	Common Cuckoo		LC	LC	夏候鸟	★☆☆☆☆
61	噪鹃*	*Eudynamys scolopaceus*	Common Koel		LC	LC	夏候鸟	★★☆☆☆

（续）

序号	种名	学名	英文名	保护级别	IUCN	中国红色名录	居留型	常见程度
			鸨形目					
			鸨科					
62	大鸨	Otis tarda	Great Bustard	一级	VU	EN	旅鸟	☆☆☆☆☆
			鹤形目					
			秧鸡科					
63	花田鸡	Coturnicops exquisitus	Swinhoe's Rail	二级	VU	VU	旅鸟	★☆☆☆☆
64	普通秧鸡	Rallus indicus	Eastern Water Rail		LC	LC	旅鸟	★☆☆☆☆
65	小田鸡	Zapornia pusilla	Baillon's Crake		LC	LC	旅鸟	★☆☆☆☆
66	红胸田鸡	Zapornia fusca	Ruddy-breasted Crake		LC	NT	旅鸟	★☆☆☆☆
67	斑胁田鸡	Zapornia paykullii	Band-bellied Crake	二级	NT	VU	旅鸟	★☆☆☆☆
68	白胸苦恶鸟	Amaurornis phoenicurus	White-breasted Waterhen		LC	LC	旅鸟	★☆☆☆☆
69	董鸡	Gallicrex cinerea	Watercock		LC	LC	旅鸟	★☆☆☆☆
70	黑水鸡*	Gallinula chloropus	Common Moorhen		LC	LC	旅鸟	★★★☆☆
71	白骨顶*	Fulica atra	Common Coot		LC	LC	旅鸟	★★★☆☆
			鹤科					
72	白鹤	Leucogeranus leucogeranus	Siberian Crane	一级	CR	CR	旅鸟	☆☆☆☆☆
73	丹顶鹤	Grus japonensis	Red-crowned Crane	一级	VU	EN	旅鸟	☆☆☆☆☆
74	灰鹤	Grus grus	Common Crane	二级	LC	NT	旅鸟	☆☆☆☆☆
75	白枕鹤	Antigone vipio	White-naped Crane	一级	VU	EN	旅鸟	☆☆☆☆☆
76	白头鹤	Grus monacha	Hooded Crane	一级	VU	EN	旅鸟	☆☆☆☆☆
			鸻形目					
			蛎鹬科					
77	蛎鹬*	Haematopus ostralegus	Eurasian Oystercatcher		NT	LC	夏候鸟	★★★☆☆
			反嘴鹬科					
78	黑翅长脚鹬*	Himantopus himantopus	Black-winged Stilt		LC	LC	旅鸟	★★☆☆☆
79	反嘴鹬	Recurvirostra avosetta	Pied Avocet		LC	LC	旅鸟	★☆☆☆☆
			鸻科					
80	凤头麦鸡	Vanellus vanellus	Northern Lapwing		NT	LC	旅鸟	★☆☆☆☆
81	灰头麦鸡	Vanellus cinereus	Grey-headed Lapwing		LC	LC	旅鸟	★☆☆☆☆
82	金鸻	Pluvialis fulva	Pacific Golden Plover		LC	LC	旅鸟	★☆☆☆☆
83	灰鸻	Pluvialis squatarola	Grey Plover		LC	LC	旅鸟	★☆☆☆☆
84	长嘴剑鸻	Charadrius placidus	Long-billed Plover		LC	NT	旅鸟	★☆☆☆☆
85	金眶鸻	Charadrius dubius	Little Ringed Plover		LC	LC	旅鸟	★☆☆☆☆
86	环颈鸻	Charadrius alexandrinus	Kentish Plover		LC	LC	旅鸟	★★☆☆☆
87	铁嘴沙鸻	Charadrius leschenaultii	Greater Sand Plover		LC	LC	旅鸟	★☆☆☆☆
88	东方鸻	Charadrius veredus	Caspian Plover		LC	LC	旅鸟	★☆☆☆☆
			彩鹬科					
89	彩鹬	Rostratula benghalensis	Greater Painted Snipe		LC	LC	旅鸟	★☆☆☆☆

（续）

序号	种名	学名	英文名	保护级别	IUCN	中国红色名录	居留型	常见程度
鹬科									
90	丘鹬	*Scolopax rusticola*	Eurasian Woodcock		LC	LC	旅鸟	★★★☆☆
91	孤沙锥	*Gallinago solitaria*	Solitary Snipe		LC	LC	旅鸟	★☆☆☆☆
92	针尾沙锥	*Gallinago stenura*	Pintail Snipe		LC	LC	旅鸟	★☆☆☆☆
93	大沙锥	*Gallinago megala*	Swinhoe's Snipe		LC	LC	旅鸟	★☆☆☆☆
94	扇尾沙锥	*Gallinago gallinago*	Common Snipe		LC	LC	旅鸟	★☆☆☆☆
95	半蹼鹬	*Limnodromus semipalmatus*	Asian Dowitcher	二级	NT	NT	旅鸟	★☆☆☆☆
96	黑尾塍鹬	*Limosa limosa*	Black-tailed Godwit		NT	LC	旅鸟	★☆☆☆☆
97	斑尾塍鹬	*Limosa lapponica*	Bar-tailed Godwit		NT	NT	旅鸟	★☆☆☆☆
98	小杓鹬	*Numenius minutus*	Little Curlew	二级	LC	NT	旅鸟	★☆☆☆☆
99	中杓鹬	*Numenius phaeopus*	Whimbrel		LC	LC	旅鸟	★☆☆☆☆
100	白腰杓鹬*	*Numenius arquata*	Eurasian Curlew	二级	NT	NT	旅鸟	★★☆☆☆
101	大杓鹬	*Numenius madagascariensis*	Far Eastern Curlew	二级	EN	VU	旅鸟	★☆☆☆☆
102	鹤鹬	*Tringa erythropus*	Spotted Redshank		LC	LC	旅鸟	★☆☆☆☆
103	红脚鹬	*Tringa totanus*	Common Redshank		LC	LC	旅鸟	★☆☆☆☆
104	泽鹬	*Tringa stagnatilis*	Marsh Sandpiper		LC	LC	旅鸟	★☆☆☆☆
105	青脚鹬	*Tringa nebularia*	Common Greenshank		LC	LC	旅鸟	★☆☆☆☆
106	白腰草鹬	*Tringa ochropus*	Green Sandpiper		LC	LC	旅鸟	★☆☆☆☆
107	林鹬	*Tringa glareola*	Wood Sandpiper		LC	LC	旅鸟	★☆☆☆☆
108	灰尾漂鹬	*Tringa brevipes*	Grey-tailed Tattler		NT	LC	旅鸟	★☆☆☆☆
109	矶鹬	*Actitis hypoleucos*	Common Sandpiper		LC	LC	旅鸟	★☆☆☆☆
110	大滨鹬	*Calidris tenuirostris*	Great Knot	二级	EN	VU	旅鸟	★☆☆☆☆
111	红腹滨鹬	*Calidris canutus*	Red Knot		NT	VU	旅鸟	★☆☆☆☆
112	红颈滨鹬	*Calidris ruficollis*	Red-necked Stint		NT	LC	旅鸟	★☆☆☆☆
113	小滨鹬	*Calidris minuta*	Little Stint		LC	LC	旅鸟	☆☆☆☆☆
114	青脚滨鹬	*Calidris temminckii*	Temminck's Stint		LC	LC	旅鸟	★☆☆☆☆
115	长趾滨鹬	*Calidris subminuta*	Long-toed Stint		LC	LC	旅鸟	★☆☆☆☆
116	尖尾滨鹬	*Calidris acuminata*	Sharp-tailed Sandpiper		LC	LC	旅鸟	★☆☆☆☆
117	阔嘴鹬	*Calidris falcinellus*	Broad-billed Sandpiper		LC	LC	旅鸟	★☆☆☆☆
118	弯嘴滨鹬	*Calidris ferruginea*	Curlew Sandpiper		NT	LC	旅鸟	★☆☆☆☆
119	黑腹滨鹬	*Calidris alpina*	Dunlin		LC	LC	旅鸟	★☆☆☆☆
120	三趾滨鹬	*Calidris alba*	Sanderling		LC	LC	旅鸟	★☆☆☆☆
121	翻石鹬	*Arenaria interpres*	Ruddy Turnstone	二级	LC	LC	旅鸟	★☆☆☆☆
122	翘嘴鹬	*Xenus cinereus*	Terek Sandpiper		LC	LC	旅鸟	★☆☆☆☆
三趾鹑科								
123	黄脚三趾鹑	*Turnix tanki*	Yellow-legged Buttonquail		LC	LC	旅鸟	★☆☆☆☆
燕鸻科								
124	普通燕鸻	*Glareola maldivarum*	Oriental Pratincole		LC	LC	旅鸟	★☆☆☆☆

（续）

序号	种名	学名	英文名	保护级别	IUCN	中国红色名录	居留型	常见程度
鸥科									
125	红嘴鸥	*Chroicocephalus ridibundus*	Black-headed Gull		LC	LC	旅鸟	★☆☆☆☆
126	黑嘴鸥	*Saundersilarus saundersi*	Saunders's Gull	一级	VU	VU	旅鸟	☆☆☆☆☆
127	黑尾鸥*	*Larus crassirostris*	Black-tailed Gull		LC	LC	留鸟	★★★★★
128	普通海鸥	*Larus canus*	Mew Gull		LC	LC	旅鸟	★☆☆☆☆
129	西伯利亚银鸥*	*Vegae vegae*	Vega Gull		LC	LC	冬候鸟	★★★☆☆
130	黄腿银鸥	*Larus cachinnans*	Caspian Gull		LC	LC	旅鸟	★☆☆☆☆
131	灰背鸥	*Larus schistisagus*	Slaty-backed Gull		LC	LC	旅鸟	☆☆☆☆☆
132	白额燕鸥	*Sternula albifrons*	Little Tern		LC	LC	旅鸟	☆☆☆☆☆
133	普通燕鸥	*Sterna hirundo*	Common Tern		LC	LC	旅鸟	★☆☆☆☆
134	灰翅浮鸥	*Chlidonias hybrida*	Whiskered Tern		LC	LC	旅鸟	☆☆☆☆☆
135	白翅浮鸥	*Chlidonias leucopterus*	White-winged Tern		LC	LC	旅鸟	☆☆☆☆☆
海雀科									
136	扁嘴海雀	*Synthliboramphus antiquus*	Ancient Murrelet		LC	NT	旅鸟	★☆☆☆☆
潜鸟目									
潜鸟科									
137	红喉潜鸟	*Gavia stellata*	Red-throated Diver		LC	LC	冬候鸟	☆☆☆☆☆
138	黑喉潜鸟	*Gavia arctica*	Black-throated Diver		LC	LC	冬候鸟	★☆☆☆☆
139	黄嘴潜鸟	*Gavia adamsii*	Yellow-billed Loon		NT	DD	冬候鸟	☆☆☆☆☆
鹱形目									
信天翁科									
140	短尾信天翁	*Phoebastria albatrus*	Short-tailed Albatross	一级	VU	VU	旅鸟	☆☆☆☆☆
鹱科									
141	白额鹱	*Calonectris leucomelas*	Streaked Shearwater		NT	LC	旅鸟	★☆☆☆☆
海燕科									
142	黑叉尾海燕	*Hydrobates monorhis*	Swinhoe's Storm Petrel		NT	NT	旅鸟	☆☆☆☆☆
鹳形目									
鹳科									
143	黑鹳	*Ciconia nigra*	Black Stork	一级	LC	VU	旅鸟	★☆☆☆☆
144	东方白鹳*	*Ciconia boyciana*	Oriental Stork	一级	EN	EN	旅鸟	★★☆☆☆
鲣鸟目									
军舰鸟科									
145	白斑军舰鸟	*Fregata ariel*	Lesser Frigatebird	二级	LC	DD	旅鸟	☆☆☆☆☆
鲣鸟科									
146	褐鲣鸟	*Sula leucogaster*	Brown Booby	二级	LC	LC	旅鸟	☆☆☆☆☆
鸬鹚科									
147	海鸬鹚*	*Phalacrocorax pelagicus*	Pelagic Cormorant	二级	LC	NT	夏候鸟	★★☆☆☆
148	普通鸬鹚*	*Phalacrocorax carbo*	Great Cormorant		LC	LC	冬候鸟	★★★★☆

(续)

序号	种名	学名	英文名	保护级别	IUCN	中国红色名录	居留型	常见程度
149	绿背鸬鹚*	*Phalacrocorax capillatus*	Japanese Cormorant		LC	LC	夏候鸟	★★★☆☆
鹈形目								
鹮科								
150	黑脸琵鹭	*Platalea minor*	Black-faced Spoonbill	一级	EN	EN	旅鸟	☆☆☆☆☆
151	白琵鹭	*Platalea leucorodia*	Eurasian Spoonbill	二级	LC	NT	旅鸟	★☆☆☆☆
鹭科								
152	大麻鳽	*Botaurus stellaris*	Eurasian Bittern		LC	LC	旅鸟	★☆☆☆☆
153	黄斑苇鳽	*Ixobrychus sinensis*	Yellow Bittern		LC	LC	旅鸟	★☆☆☆☆
154	紫背苇鳽	*Ixobrychus eurhythmus*	Von Schrenck's Bittern		LC	LC	旅鸟	★☆☆☆☆
155	栗苇鳽	*Ixobrychus cinnamomeus*	Cinnamon Bittern		LC	LC	旅鸟	★☆☆☆☆
156	夜鹭	*Nycticorax nycticorax*	Black-crowned Night Heron		LC	LC	旅鸟	★☆☆☆☆
157	绿鹭	*Butorides striata*	Green-backed Heron		LC	LC	旅鸟	★☆☆☆☆
158	池鹭*	*Ardeola bacchus*	Chinese Pond Heron		LC	LC	旅鸟	★★☆☆☆
159	牛背鹭	*Bubulcus ibis*	Cattle Egret		LC	LC	旅鸟	★☆☆☆☆
160	苍鹭*	*Ardea cinerea*	Grey Heron		LC	LC	旅鸟	★★★☆☆
161	草鹭	*Ardea purpurea*	Purple Heron		LC	LC	旅鸟	★☆☆☆☆
162	大白鹭	*Ardea alba*	Great Egret		LC	LC	旅鸟	★☆☆☆☆
163	中白鹭	*Ardea intermedia*	Intermediate Egret		LC	LC	旅鸟	☆☆☆☆☆
164	白鹭*	*Egretta garzetta*	Little Egret		LC	LC	旅鸟	★★☆☆☆
165	黄嘴白鹭*	*Egretta eulophotes*	Chinese Egret	一级	VU	VU	夏候鸟	★★☆☆☆
鹰形目								
鹗科								
166	鹗*	*Pandion haliaetus*	Osprey	二级	LC	NT	旅鸟	★★☆☆☆
鹰科								
167	黑翅鸢	*Elanus caeruleus*	Black-winged Kite	二级	LC	NT	旅鸟	★☆☆☆☆
168	凤头蜂鹰*	*Pernis ptilorhynchus*	Oriental Honey Buzzard	二级	LC	NT	旅鸟	★★★☆☆
169	秃鹫	*Aegypius monachus*	Cinereous Vulture	一级	NT	NT	旅鸟	★☆☆☆☆
170	短趾雕	*Circaetus gallicus*	Short-toed Snake Eagle	二级	LC	NT	旅鸟	★☆☆☆☆
171	乌雕	*Clanga clanga*	Greater Spotted Eagle	一级	VU	EN	旅鸟	★☆☆☆☆
172	靴隼雕	*Hieraaetus pennatus*	Booted Eagle	二级	LC	VU	旅鸟	★☆☆☆☆
173	草原雕	*Aquila nipalensis*	Steppe Eagle	一级	EN	VU	旅鸟	★☆☆☆☆
174	白肩雕	*Aquila heliaca*	Imperial Eagle	一级	VU	EN	旅鸟	★☆☆☆☆
175	金雕	*Aquila chrysaetos*	Golden Eagle	一级	LC	VU	旅鸟	★☆☆☆☆
176	白腹隼雕	*Aquila fasciata*	Bonelli's Eagle	二级	LC	VU	旅鸟	★☆☆☆☆
177	赤腹鹰*	*Accipiter soloensis*	Chinese Sparrow Hawk	二级	LC	LC	夏候鸟	★★☆☆☆
178	日本松雀鹰*	*Accipiter gularis*	Japanese Sparrow Hawk	二级	LC	LC	旅鸟	★★★☆☆
179	松雀鹰	*Accipiter virgatus*	Besra	二级	LC	LC	旅鸟	★☆☆☆☆
180	雀鹰*	*Accipiter nisus*	Eurasian Sparrow Hawk	二级	LC	LC	旅鸟	★★★☆☆

（续）

序号	种名	学名	英文名	保护级别	IUCN	中国红色名录	居留型	常见程度
181	苍鹰*	Accipiter gentilis	Northern Goshawk	二级	LC	NT	旅鸟	★★★☆☆
182	凤头鹰	Accipiter trivirgatus	Crested Goshawk	二级	LC	NT	旅鸟	★☆☆☆☆
183	白尾鹞*	Circus cyaneus	Hen Harrier	二级	LC	NT	旅鸟	★★☆☆☆
184	鹊鹞*	Circus melanoleucos	Pied Harrier	二级	LC	NT	旅鸟	★★☆☆☆
185	白腹鹞*	Circus spilonotus	Eastern Marsh Harrier	二级	LC	NT	旅鸟	★★☆☆☆
186	黑鸢*	Milvus migrans	Black Kite	二级	LC	LC	旅鸟	★★★☆☆
187	白尾海雕	Haliaeetus albicilla	White-tailed Sea Eagle	一级	LC	VU	旅鸟	★☆☆☆☆
188	灰脸鵟鹰*	Butastur indicus	Grey-faced Buzzard	二级	LC	NT	旅鸟	★★★☆☆
189	毛脚鵟	Buteo lagopus	Rough-legged Hawk	二级	LC	NT	冬候鸟	★☆☆☆☆
190	大鵟	Buteo hemilasius	Upland Buzzard	二级	LC	VU	旅鸟	★☆☆☆☆
191	普通鵟*	Buteo japonicus	Eastern Buzzard	二级	LC	LC	旅鸟	★★★☆☆
			鸮形目					
			鸱鸮科					
192	北领角鸮	Otus semitorques	Japanese Scops Owl	二级	LC	LC	旅鸟	★☆☆☆☆
193	红角鸮*	Otus sunia	Oriental Scops Owl	二级	LC	LC	夏候鸟	★★★☆☆
194	雕鸮	Bubo bubo	Eurasian Eagle-owl	二级	LC	NT	旅鸟	☆☆☆☆☆
195	纵纹腹小鸮	Athene noctua	Little Owl	二级	LC	LC	旅鸟	★☆☆☆☆
196	日本鹰鸮	Ninox japonica	Northern Boobook	二级	LC	NT	旅鸟	★★☆☆☆
197	长耳鸮*	Asio otus	Long-eared Owl	二级	LC	LC	旅鸟	★★☆☆☆
198	短耳鸮*	Asio flammeus	Short-eared Owl	二级	LC	NT	旅鸟	★★☆☆☆
			草鸮科					
199	草鸮	Tyto longimembris	Eurasian Grass Owl	二级	LC	NT	旅鸟	★☆☆☆☆
			犀鸟目					
			戴胜科					
200	戴胜*	Upupa epops	Eurasian Hoopoe		LC	LC	旅鸟	★★☆☆☆
			佛法僧目					
			佛法僧科					
201	三宝鸟	Eurystomus orientalis	Oriental Dollarbird		LC	LC	旅鸟	★☆☆☆☆
			翠鸟科					
202	蓝翡翠	Halcyon pileata	Black-capped Kingfisher		LC	LC	旅鸟	★☆☆☆☆
203	普通翠鸟*	Alcedo atthis	Common Kingfisher		LC	LC	旅鸟	★☆☆☆☆
			啄木鸟目					
			啄木鸟科					
204	蚁䴕*	Jynx torquilla	Wryneck		LC	LC	旅鸟	★☆☆☆☆
205	棕腹啄木鸟	Dendrocopos hyperythrus	Rufous-bellied Woodpecker		LC	LC	旅鸟	★☆☆☆☆
206	灰头绿啄木鸟	Picus canus	Grey-headed Woodpecker		LC	LC	旅鸟	☆☆☆☆☆

（续）

序号	种名	学名	英文名	保护级别	IUCN	中国红色名录	居留型	常见程度
			隼形目					
			隼科					
207	黄爪隼	*Falco naumanni*	Lesser Kestrel	二级	LC	VU	旅鸟	★☆☆☆☆
208	红隼*	*Falco tinnunculus*	Common Kestrel	二级	LC	LC	留鸟	★★★☆☆
209	红脚隼*	*Falco amurensis*	Amur Falcon	二级	LC	NT	旅鸟	★★★☆☆
210	灰背隼	*Falco columbarius*	Merlin	二级	LC	NT	旅鸟	★☆☆☆☆
211	燕隼	*Falco subbuteo*	Eurasian Hobby	二级	LC	LC	旅鸟	★★☆☆☆
212	猎隼	*Falco cherrug*	Saker Falcon	一级	EN	EN	旅鸟	★☆☆☆☆
213	游隼*	*Falco peregrinus*	Peregrine Falcon	二级	LC	NT	留鸟	★★★☆☆
			雀形目					
			八色鸫科					
214	仙八色鸫	*Pitta nympha*	Fairy Pitta	二级	VU	VU	旅鸟	★☆☆☆☆
			黄鹂科					
215	黑枕黄鹂*	*Oriolus chinensis*	Black-naped Oriole		LC	LC	夏候鸟	★★★☆☆
			山椒鸟科					
216	灰山椒鸟*	*Pericrocotus divaricatus*	Ashy Minivet		LC	LC	旅鸟	★★☆☆☆
217	长尾山椒鸟*	*Pericrocotus ethologus*	Long-tailed Minivet		LC	LC	旅鸟	★★☆☆☆
			卷尾科					
218	黑卷尾*	*Dicrurus macrocercus*	Black Drongo		LC	LC	夏候鸟	★★☆☆☆
219	灰卷尾	*Dicrurus leucophaeus*	Ashy Drongo		LC	LC	旅鸟	★☆☆☆☆
220	发冠卷尾	*Dicrurus hottentottus*	Hair-crested Drongo		LC	LC	旅鸟	★☆☆☆☆
			王鹟科					
221	寿带	*Terpsiphone incei*	Amur Paradise-Flycatcher		LC	LC	旅鸟	☆☆☆☆☆
222	紫寿带	*Terpsiphone atrocaudata*	Japanese Paradise-Flycatcher		NT	NT	旅鸟	☆☆☆☆☆
			伯劳科					
223	虎纹伯劳	*Lanius tigrinus*	Tiger Shrike		LC	LC	夏候鸟	★☆☆☆☆
224	牛头伯劳*	*Lanius bucephalus*	Bull-headed Shrike		LC	LC	夏候鸟	★★☆☆☆
225	红尾伯劳*	*Lanius cristatus*	Brown Shrike		LC	LC	夏候鸟	★★☆☆☆
226	楔尾伯劳	*Lanius sphenocercus*	Chinese Gray Shrike		LC	LC	冬候鸟	★☆☆☆☆
227	棕背伯劳	*Lanius schach*	Long-tailed Shrike		LC	LC	旅鸟	☆☆☆☆☆
			鸦科					
228	灰喜鹊	*Cyanopica cyanus*	Azure-winged Magpie		LC	LC	留鸟	☆☆☆☆☆
229	灰树鹊	*Dendrocitta formosae*	Grey Treepie		LC	LC	迷鸟	★☆☆☆☆
230	喜鹊*	*Pica serica*	Oriental Magpie		LC	LC	留鸟	★★★★★
231	星鸦*	*Nucifraga caryocatactes*	Spotted Nutcracker		LC	LC	旅鸟	★★☆☆☆
232	达乌里寒鸦	*Corvus dauuricus*	Daurian Jackdaw		LC	LC	旅鸟	★☆☆☆☆
233	小嘴乌鸦*	*Corvus corone*	Carrion Crow		LC	LC	旅鸟	★★☆☆☆
234	大嘴乌鸦	*Corvus macrorhynchos*	Large-billed Crow		LC	LC	旅鸟	★☆☆☆☆

（续）

序号	种名	学名	英文名	保护级别	IUCN	中国红色名录	居留型	常见程度
235	白颈鸦	*Corvus pectoralis*	Collared Crow		VU	NT	旅鸟	☆☆☆☆☆
山雀科									
236	煤山雀*	*Periparus ater*	Coal Tit		LC	LC	冬候鸟	★★★★☆
237	黄腹山雀*	*Pardaliparus venustulus*	Yellow-bellied Tit		LC	LC	旅鸟	★★★★☆
238	杂色山雀*	*Sittiparus varius*	Varied Tit		LC	NT	旅鸟	★★☆☆☆
239	沼泽山雀	*Poecile palustris*	Marsh Tit		LC	LC	留鸟	☆☆☆☆☆
240	褐头山雀	*Poecile montanus*	Willow Tit		LC	LC	留鸟	☆☆☆☆☆
241	大山雀*	*Parus minor*	Japanese Tit		NE	LC	留鸟	★★★★★
攀雀科									
242	中华攀雀*	*Remiz consobrinus*	Chinese Penduline Tit		LC	LC	夏候鸟	★★★☆☆
百灵科									
243	蒙古百灵	*Melanocorypha mongolica*	Mongolian Lark	二级	LC	VU	旅鸟	★☆☆☆☆
244	中华短趾百灵	*Calandrella dukhunensis*	Mongolian Short-toed Lark		LC	LC	旅鸟	☆☆☆☆☆
245	短趾百灵	*Alaudala cheleensis*	Asian Short-toed Lark		NE	LC	旅鸟	★☆☆☆☆
246	凤头百灵	*Galerida cristata*	Crested Lark		LC	LC	旅鸟	★☆☆☆☆
247	云雀	*Alauda arvensis*	Eurasian Skylark	二级	LC	LC	旅鸟	★☆☆☆☆
248	角百灵	*Eremophila alpestris*	Horned Lark		LC	LC	旅鸟	★☆☆☆☆
扇尾莺科									
249	棕扇尾莺	*Cisticola juncidis*	Zitting Cisticola		LC	LC	旅鸟	★★☆☆☆
苇莺科									
250	东方大苇莺*	*Acrocephalus orientalis*	Oriental Reed Warbler		LC	LC	夏候鸟	★★☆☆☆
251	黑眉苇莺	*Acrocephalus bistrigiceps*	Black-browed Reed Warbler		LC	LC	夏候鸟	★★☆☆☆
252	钝翅苇莺	*Acrocephalus concinens*	Paddyfield Warbler		LC	LC	旅鸟	★☆☆☆☆
253	厚嘴苇莺	*Arundinax aedon*	Thick-billed Warbler		LC	LC	旅鸟	★★☆☆☆
蝗莺科									
254	北短翅蝗莺	*Locustella davidi*	Baikal Bush Warbler		LC	LC	旅鸟	★☆☆☆☆
255	矛斑蝗莺	*Locustella lanceolata*	Lanceolated Warbler		LC	NT	旅鸟	★☆☆☆☆
256	北蝗莺	*Locustella ochotensis*	Middendorff's Grasshopper Warbler		LC	LC	旅鸟	★☆☆☆☆
257	小蝗莺	*Locustella certhiola*	Pallas's Grasshopper Warbler		LC	LC	旅鸟	★☆☆☆☆
258	苍眉蝗莺	*Locustella fasciolata*	Gray's Grasshopper Warbler		LC	LC	旅鸟	☆☆☆☆☆
燕科									
259	崖沙燕	*Riparia riparia*	Sand Martin		LC	LC	旅鸟	★☆☆☆☆
260	家燕*	*Hirundo rustica*	Barn Swallow		LC	LC	夏候鸟	★★★★☆
261	毛脚燕	*Delichon urbicum*	Common House Martin		LC	LC	旅鸟	★☆☆☆☆
262	烟腹毛脚燕	*Delichon dasypus*	Asian House Martin		LC	LC	旅鸟	★☆☆☆☆
263	金腰燕*	*Cecropis daurica*	Red-rumped Swallow		LC	LC	夏候鸟	★★★★☆

（续）

序号	种名	学名	英文名	保护级别	IUCN	中国红色名录	居留型	常见程度
			鹎科					
264	白头鹎*	Pycnonotus sinensis	Light-vented Bulbul		LC	LC	留鸟	★★★★★
265	栗耳短脚鹎*	Hypsipetes amaurotis	Brown-eared Bulbul		LC	LC	冬候鸟	★★★☆☆
			柳莺科					
266	褐柳莺*	Phylloscopus fuscatus	Dusky Warbler		LC	LC	旅鸟	★★☆☆☆
267	棕腹柳莺	Phylloscopus subaffinis	Buff-throated Warbler		LC	LC	旅鸟	★☆☆☆☆
268	棕眉柳莺	Phylloscopus armandii	Yellow-streaked Warbler		LC	LC	旅鸟	★☆☆☆☆
269	巨嘴柳莺*	Phylloscopus schwarzi	Radde's Warbler		LC	LC	旅鸟	★★★☆☆
270	黄腰柳莺*	Phylloscopus proregulus	Pallas's Leaf Warbler		LC	LC	旅鸟	★★★★☆
271	黄眉柳莺*	Phylloscopus inornatus	Yellow-browed Warbler		LC	LC	旅鸟	★★★☆☆
272	极北柳莺	Phylloscopus borealis	Arctic Warbler		LC	LC	旅鸟	★★☆☆☆
273	双斑绿柳莺	Phylloscopus plumbeitarsus	Two-barred Warbler		LC	LC	旅鸟	★☆☆☆☆
274	淡脚柳莺	Phylloscopus tenellipes	Pale-legged Leaf Warbler		LC	LC	旅鸟	★☆☆☆☆
275	冕柳莺	Phylloscopus coronatus	Eastern Crowned Warbler		LC	LC	旅鸟	★☆☆☆☆
276	黑眉柳莺	Phylloscopus ricketti	Sulphur-breasted Warbler		LC	LC	旅鸟	★☆☆☆☆
			树莺科					
277	鳞头树莺	Urosphena squameiceps	Asian Stubtail		LC	LC	旅鸟	★☆☆☆☆
278	远东树莺*	Horornis canturians	Manchurian Bush Warbler		LC	LC	夏候鸟	★★☆☆☆
			长尾山雀科					
279	银喉长尾山雀*	Aegithalos glaucogularis	Silver-throated Bushtit		LC	LC	冬候鸟	★★★☆☆
			绣眼鸟科					
280	红胁绣眼鸟	Zosterops erythropleurus	Chestnut-flanked White-eye	二级	LC	LC	旅鸟	★★★☆☆
281	暗绿绣眼鸟*	Zosterops simplex	Swinhoe's White-eye		LC	LC	夏候鸟	★★★★☆
			旋木雀科					
282	欧亚旋木雀	Certhia familiaris	Eurasian Treecreeper		LC	LC	旅鸟	☆☆☆☆☆
			䴓科					
283	普通䴓	Sitta europaea	Eurasian Nuthatch		LC	LC	旅鸟	☆☆☆☆☆
			鹪鹩科					
284	鹪鹩*	Troglodytes troglodytes	Eurasian Wren		LC	LC	旅鸟	★★☆☆☆
			椋鸟科					
285	灰椋鸟	Spodiopsar cineraceus	White-cheeked Starling		LC	LC	旅鸟	★☆☆☆☆
286	北椋鸟	Agropsar sturninus	Daurian Starling		LC	LC	旅鸟	★☆☆☆☆
287	紫翅椋鸟*	Sturnus vulgaris	Common Starling		LC	LC	旅鸟	★☆☆☆☆
288	丝光椋鸟*	Spodiopsar sericeus	Red-billed Starling		LC	LC	旅鸟	★★☆☆☆
289	八哥	Acridotheres cristatellus	Crested Myna		LC	LC	旅鸟	☆☆☆☆☆
			鸫科					
290	白眉地鸫	Geokichla sibirica	Siberian Thrush		LC	LC	旅鸟	★★☆☆☆
291	虎斑地鸫	Zoothera aurea	White's Thrush		LC	LC	旅鸟	★★★☆☆

(续)

序号	种名	学名	英文名	保护级别	IUCN	中国红色名录	居留型	常见程度
292	灰背鸫*	*Turdus hortulorum*	Grey-backed Thrush		LC	LC	旅鸟	★★★☆☆
293	乌灰鸫	*Turdus cardis*	Japanese Thrush		LC	LC	旅鸟	☆☆☆☆☆
294	灰头鸫	*Turdus rubrocanus*	Chestnut Thrush		LC	LC	旅鸟	★☆☆☆☆
295	白眉鸫	*Turdus obscurus*	Eyebrowed Thrush		LC	LC	旅鸟	★☆☆☆☆
296	白腹鸫	*Turdus pallidus*	Pale Thrush		LC	LC	旅鸟	★☆☆☆☆
297	赤颈鸫	*Turdus ruficollis*	Red-throated Thrush		LC	LC	旅鸟	★☆☆☆☆
298	斑鸫*	*Turdus eunomus*	Dusky Thrush		LC	LC	旅鸟	★★★★☆
299	宝兴歌鸫	*Turdus mupinensis*	Chinese Thrush		LC	LC	旅鸟	★☆☆☆☆
300	红尾斑鸫*	*Turdus naumanni*	Naumann's Thrush		LC	LC	冬候鸟	★★★☆☆
301	乌鸫	*Turdus mandarinus*	Chinese Blackbird		LC	LC	旅鸟	★☆☆☆☆
鹟科								
302	红尾歌鸲	*Larvivora sibilans*	Rufous-tailed Robin		LC	LC	旅鸟	★☆☆☆☆
303	蓝歌鸲	*Larvivora cyane*	Siberian Blue Robin		LC	LC	旅鸟	★☆☆☆☆
304	红喉歌鸲*	*Calliope calliope*	Siberian Rubythroat	二级	LC	LC	旅鸟	★★☆☆☆
305	蓝喉歌鸲	*Luscinia svecica*	Bluethroat	二级	LC	LC	旅鸟	★☆☆☆☆
306	红胁蓝尾鸲*	*Tarsiger cyanurus*	Orange-flanked Bush-robin		LC	LC	旅鸟	★★★★☆
307	赭红尾鸲	*Phoenicurus ochruros*	Black Redstart		LC	LC	旅鸟	★☆☆☆☆
308	北红尾鸲*	*Phoenicurus auroreus*	Daurian Redstart		LC	LC	夏候鸟	★★★★☆
309	红腹红尾鸲	*Phoenicurus erythrogastrus*	White-winged Redstart		LC	LC	旅鸟	★☆☆☆☆
310	红尾水鸲	*Rhyacornis fuliginosa*	Plumbeous Water Redstart		LC	LC	旅鸟	★☆☆☆☆
311	紫啸鸫	*Myophonus caeruleus*	Blue Whistling Thrush		LC		迷鸟	☆☆☆☆☆
312	东亚石䳭*	*Saxicola stejnegeri*	Stejneger's Stonechat		NE	LC	旅鸟	★★★☆☆
313	蓝矶鸫	*Monticola solitarius*	Blue Rock Thrush		LC	LC	夏候鸟	★★★☆☆
314	白喉矶鸫*	*Monticola gularis*	White-throated Rock Thrush		LC	LC	旅鸟	★★☆☆☆
315	灰纹鹟	*Muscicapa griseisticta*	Grey-streaked Flycatcher		LC	LC	旅鸟	★☆☆☆☆
316	乌鹟	*Muscicapa sibirica*	Dark-sided Flycatcher		LC	LC	旅鸟	★★☆☆☆
317	北灰鹟	*Muscicapa dauurica*	Asian Brown Flycatcher		LC	LC	旅鸟	★★☆☆☆
318	白眉姬鹟	*Ficedula zanthopygia*	Yellow-rumped Flycatcher		LC	LC	旅鸟	★☆☆☆☆
319	黄眉姬鹟	*Ficedula narcissina*	Narcissus Flycatcher		LC	LC	旅鸟	★☆☆☆☆
320	鸲姬鹟	*Ficedula mugimaki*	Mugimaki Flycatcher		LC	LC	旅鸟	★☆☆☆☆
321	红喉姬鹟	*Ficedula albicilla*	Taiga Flycatcher		LC	LC	旅鸟	★☆☆☆☆
322	白腹蓝鹟	*Cyanoptila cyanomelana*	Blue-and-white Flycatcher		LC	LC	旅鸟	★☆☆☆☆
323	铜蓝鹟	*Eumyias thalassinus*	Verditer Flycatcher		LC	LC	迷鸟	★☆☆☆☆
戴菊科								
324	戴菊	*Regulus regulus*	Goldcrest		LC	LC	旅鸟	★☆☆☆☆
太平鸟科								
325	太平鸟*	*Bombycilla garrulus*	Bohemian Waxwing		LC	LC	冬候鸟	★★☆☆☆
326	小太平鸟*	*Bombycilla japonica*	Japanese Waxwing		NT	LC	冬候鸟	★★☆☆☆

(续)

序号	种名	学名	英文名	保护级别	IUCN	中国红色名录	居留型	常见程度
			岩鹨科					
327	领岩鹨	Prunella collaris	Alpine Accentor		LC	LC	旅鸟	★☆☆☆☆
328	棕眉山岩鹨*	Prunella montanella	Siberian Accentor		LC	LC	旅鸟	★★☆☆☆
			雀科					
329	山麻雀*	Passer cinnamomeus	Russet Sparrow		LC	LC	夏候鸟	★★★☆☆
330	麻雀*	Passer montanus	Eurasian Tree Sparrow		LC	LC	留鸟	★★★★★
			鹡鸰科					
331	山鹡鸰*	Dendronanthus indicus	Forest Wagtail		LC	LC	夏候鸟	★★☆☆☆
332	黄鹡鸰	Motacilla tschutschensis	Eastern Yellow Wagtail		LC	LC	旅鸟	★☆☆☆☆
333	黄头鹡鸰	Motacilla citreola	Citrine Wagtail		LC	LC	旅鸟	★☆☆☆☆
334	灰鹡鸰*	Motacilla cinerea	Gray Wagtail		LC	LC	夏候鸟	★★☆☆☆
335	白鹡鸰*	Motacilla alba	White Wagtail		LC	LC	旅鸟	★★★★☆
336	田鹨	Anthus richardi	Richard's Pipit		LC	LC	旅鸟	★☆☆☆☆
337	布氏鹨	Anthus godlewskii	Blyth's Pipit		LC	LC	旅鸟	☆☆☆☆☆
338	树鹨*	Anthus hodgsoni	Olive-backed Pipit		LC	LC	旅鸟	★★★☆☆
339	北鹨	Anthus gustavi	Pechora Pipit		LC	LC	旅鸟	★★☆☆☆
340	红喉鹨	Anthus cervinus	Red-throated Pipit		LC	LC	旅鸟	★☆☆☆☆
341	黄腹鹨	Anthus rubescens	Buff-bellied Pipit		LC	LC	旅鸟	★☆☆☆☆
			燕雀科					
342	燕雀*	Fringilla montifringilla	Brambling		LC	LC	旅鸟	★★★★☆
343	锡嘴雀*	Coccothraustes coccothraustes	Hawfinch		LC	LC	旅鸟	★★☆☆☆
344	黑尾蜡嘴雀	Eophona migratoria	Chinese Grosbeak		LC	LC	旅鸟	★☆☆☆☆
345	黑头蜡嘴雀	Eophona personata	Japanese Grosbeak		LC	NT	旅鸟	★☆☆☆☆
346	红腹灰雀	Pyrrhula pyrrhula	Eurasian Bullfinch		LC	LC	旅鸟	★☆☆☆☆
347	粉红腹岭雀	Leucosticte arctoa	Asian Rosy Finch		LC	LC	旅鸟	☆☆☆☆☆
348	普通朱雀	Carpodacus erythrinus	Common Rosefinch		LC	LC	旅鸟	★☆☆☆☆
349	长尾雀	Carpodacus sibiricus	Long-tailed Rosefinch		LC	LC	旅鸟	★☆☆☆☆
350	北朱雀	Carpodacus roseus	Pallas's Rosefinch	二级	LC	LC	旅鸟	★☆☆☆☆
351	金翅雀*	Chloris sinica	Grey-capped Greenfinch		LC	LC	留鸟	★★★★★
352	白腰朱顶雀	Acanthis flammea	Common Redpoll		LC	LC	旅鸟	★☆☆☆☆
353	红交嘴雀	Loxia curvirostra	Red Crossbill	二级	LC	LC	旅鸟	★☆☆☆☆
354	黄雀*	Spinus spinus	Eurasian Siskin		LC	NT	冬候鸟	★★★☆☆
			铁爪鹀科					
355	铁爪鹀	Calcarius lapponicus	Lapland Longspur		LC	NT	旅鸟	☆☆☆☆☆
			鹀科					
356	白头鹀	Emberiza leucocephalos	Pine Bunting		LC	LC	旅鸟	★☆☆☆☆
357	西南灰眉岩鹀	Emberiza yunnanensis	Southern Rock Bunting		LC	LC	旅鸟	★☆☆☆☆
358	三道眉草鹀*	Emberiza cioides	Meadow Bunting		LC	LC	留鸟	★★★★☆

（续）

序号	种名	学名	英文名	保护级别	IUCN	中国红色名录	居留型	常见程度
359	白眉鹀*	*Emberiza tristrami*	Tristram's Bunting		LC	NT	旅鸟	★★☆☆☆
360	栗耳鹀	*Emberiza fucata*	Chestnut-eared Bunting		LC	LC	旅鸟	★★☆☆☆
361	小鹀*	*Emberiza pusilla*	Little Bunting		LC	LC	旅鸟	★★★★☆
362	黄眉鹀*	*Emberiza chrysophrys*	Yellow-browed Bunting		LC	LC	旅鸟	★★☆☆☆
363	田鹀*	*Emberiza rustica*	Rustic Bunting		VU	NT	旅鸟	★★☆☆☆
364	黄喉鹀*	*Emberiza elegans*	Yellow-throated Bunting		LC	LC	旅鸟	★★★★☆
365	黄胸鹀	*Emberiza aureola*	Yellow-breasted Bunting	一级	CR	CR	旅鸟	★★☆☆☆
366	栗鹀	*Emberiza rutila*	Chestnut Bunting		LC	NT	旅鸟	★★☆☆☆
367	灰头鹀*	*Emberiza spodocephala*	Black-faced Bunting		LC	LC	旅鸟	★★★★☆
368	苇鹀	*Emberiza pallasi*	Pallas's Reed Bunting		LC	LC	旅鸟	★★☆☆☆
369	红颈苇鹀	*Emberiza yessoensis*	Japanese Reed Bunting		NT	NT	旅鸟	★★☆☆☆
370	芦鹀	*Emberiza schoeniclus*	Common Reed Bunting		LC	LC	旅鸟	★★☆☆☆

中文名索引

A

鹌鹑	115
暗绿绣眼鸟	147

B

白额燕鸥	058
白额雁	082
白腹鸫	152
白腹蓝鹟	162
白腹隼雕	047
白腹鹞	051
白骨顶	098
白喉矶鸫	158
白鹡鸰	168
白鹭	115
白眉地鸫	150
白眉鸫	151
白眉姬鹟	160
白眉鹀	176
白眉鸭	090
白琵鹭	110
白头鹎	141
白尾海雕	052
白尾鹞	050
白胸苦恶鸟	096
白眼潜鸭	091
白腰杓鹬	068
白腰草鹬	107
白腰雨燕	119
白腰朱顶雀	174
斑背潜鸭	092
斑鸫	153
斑脸海番鸭	060
斑头秋沙鸭	093
斑尾塍鹬	066
斑嘴鸭	088
半蹼鹬	069
北红尾鸲	156
北灰鹟	159

北椋鸟	148
北领角鸮	037
北鹨	169
北朱雀	173
北棕腹鹰鹃	120

C

苍鹭	114
苍鹰	049
草鸮	040
长耳鸮	039
长趾滨鹬	072
长嘴剑鸻	101
池鹭	113
赤膀鸭	086
赤腹鹰	047
赤颈鸫	152
赤颈鸭	087
赤麻鸭	085
赤嘴潜鸭	094

D

达乌里寒鸦	131
大白鹭	114
大杓鹬	068
大滨鹬	070
大杜鹃	122
大鵟	054
大麻鸭	111
大沙锥	104
大山雀	134
大天鹅	084
大鹰鹃	119
大嘴乌鸦	132
戴菊	163
戴胜	123
淡脚柳莺	145
东方白鹳	110
东方大苇莺	136

东亚石䳭	157
董鸡	097
豆雁	081
短耳鸮	039
短趾雕	045
短嘴豆雁	081

E

鹗	043

F

发冠卷尾	128
翻石鹬	075
反嘴鹬	099
凤头鹀鹀	095
凤头蜂鹰	044
凤头麦鸡	100
凤头潜鸭	092
凤头鹰	050

H

海鸬鹚	059
褐柳莺	142
鹤鹬	105
黑翅鸢	044
黑翅长脚鹬	099
黑腹滨鹬	074
黑鹳	109
黑卷尾	127
黑眉苇莺	137
黑水鸡	097
黑头蜡嘴雀	172
黑尾塍鹬	066
黑尾蜡嘴雀	171
黑尾鸥	062
黑鸢	052
黑枕黄鹂	126
红腹滨鹬	070
红喉歌鸲	155
红喉姬鹟	161
红交嘴雀	174
红角鸮	037

红脚隼	041
红脚鹬	105
红颈滨鹬	071
红隼	041
红头潜鸭	091
红尾斑鸫	153
红尾伯劳	129
红尾歌鸲	154
红胁蓝尾鸲	156
红胁绣眼鸟	146
红胸秋沙鸭	060
红嘴鸥	062
鸿雁	080
厚嘴苇莺	137
虎斑地鸫	150
虎纹伯劳	128
花脸鸭	090
环颈鸻	102
黄斑苇鳽	111
黄腹鹨	170
黄腹山雀	133
黄喉鹀	179
黄鹡鸰	167
黄脚三趾鹑	108
黄眉姬鹟	160
黄眉柳莺	143
黄眉鹀	178
黄雀	175
黄腿银鸥	064
黄胸鹀	179
黄腰柳莺	143
黄爪隼	040
黄嘴白鹭	076
黄嘴潜鸟	058
灰斑鸠	117
灰背鸫	151
灰鸻	065
灰鹡鸰	167
灰脸鵟鹰	053
灰椋鸟	148
灰山椒鸟	127
灰树鹊	130

灰头麦鸡	100	矛斑蝗莺	138
灰头鸦	180	煤山雀	133
灰尾漂鹬	069		
灰纹鹟	158	**N**	
灰雁	080	牛背鹭	113
		牛头伯劳	129
J			
矶鹬	108	**P**	
极北柳莺	144	琵嘴鸭	089
家燕	139	普通翠鸟	124
尖尾滨鹬	072	普通海鸥	063
鹡鸰	147	普通鵟	054
金翅雀	173	普通鸬鹚	098
金鸻	065	普通秋沙鸭	093
金眶鸻	101	普通燕鸻	109
金腰燕	140	普通燕鸥	064
巨嘴柳莺	142	普通秧鸡	095
		普通夜鹰	118
K		普通雨燕	118
阔嘴鹬	071	普通朱雀	172
L		**Q**	
蓝翡翠	124	翘鼻麻鸭	084
蓝歌鸲	154	翘嘴鹬	075
蓝喉歌鸲	155	青脚滨鹬	073
蓝矶鸫	157	青脚鹬	106
栗耳短脚鹎	141	丘鹬	103
栗耳鹀	177	鸲姬鹟	161
栗鹀	180	雀鹰	049
蛎鹬	061	鹊鸭	061
猎隼	042	鹊鹞	051
林鹬	107		
领岩鹨	164	**R**	
罗纹鸭	086	日本松雀鹰	048
绿背鸬鹚	059	日本鹰鸮	038
绿翅鸭	089		
绿鹭	112	**S**	
绿头鸭	087	三宝鸟	123
		三道眉草鹀	176
M		三趾滨鹬	074
麻雀	166	山斑鸠	116
毛脚鵟	053	山鹡鸰	166

山麻雀	165	小䴉	177
扇尾沙锥	104	小嘴乌鸦	132
树鹨	169	楔尾伯劳	130
双斑绿柳莺	144	靴隼雕	046
丝光椋鸟	149		
四声杜鹃	121	**Y**	
松雀鹰	048	崖沙燕	139
		烟腹毛脚燕	140
T		岩鸽	116
太平鸟	163	燕雀	170
田鹨	168	燕隼	042
田鹀	178	夜鹭	112
铁嘴沙鸻	102	蚁䴕	125
铜蓝鹟	162	银喉长尾山雀	146
秃鹫	045	疣鼻天鹅	083
		游隼	043
W		鸳鸯	085
弯嘴滨鹬	073	远东树莺	145
苇鹀	181	云雀	135
乌雕	046		
乌鹟	159	**Z**	
		杂色山雀	134
X		噪鹃	122
西伯利亚银鸥	063	泽鹬	106
西南灰眉岩鹀	175	针尾沙锥	103
锡嘴雀	171	针尾鸭	088
喜鹊	131	中杓鹬	067
仙八色鸫	126	中杜鹃	121
小鹀	094	中华攀雀	135
小白额雁	082	珠颈斑鸠	117
小杓鹬	067	紫翅椋鸟	149
小杜鹃	120	棕腹啄木鸟	125
小蝗莺	138	棕眉山岩鹨	165
小太平鸟	164	棕扇尾莺	136
小天鹅	083	纵纹腹小鸮	038
小田鸡	096		

学名索引

A

Acanthis flammea ········· 174
Accipiter gentilis ········· 049
Accipiter gularis ········· 048
Accipiter nisus ········· 049
Accipiter soloensis ········· 047
Accipiter trivirgatus ········· 050
Accipiter virgatus ········· 048
Acrocephalus bistrigiceps ········· 137
Acrocephalus orientalis ········· 136
Actitis hypoleucos ········· 108
Aegithalos glaucogularis ········· 146
Aegypius monachus ········· 045
Agropsar sturninus ········· 148
Aix galericulata ········· 085
Alauda arvensis ········· 135
Alcedo atthis ········· 124
Amaurornis phoenicurus ········· 096
Anas acuta ········· 088
Anas crecca ········· 089
Anas platyrhynchos ········· 087
Anas zonorhyncha ········· 088
Anser albifrons ········· 082
Anser anser ········· 080
Anser cygnoides ········· 080
Anser erythropus ········· 082
Anser fabalis ········· 081
Anser serrirostris ········· 081
Anthus gustavi ········· 169
Anthus hodgsoni ········· 169
Anthus richardi ········· 168
Anthus rubescens ········· 170
Apus apus ········· 118
Apus pacificus ········· 119
Aquila fasciata ········· 047
Ardea alba ········· 114
Ardea cinerea ········· 114
Ardeola bacchus ········· 113
Arenaria interpres ········· 075
Arundinax aedon ········· 137
Asio flammeus ········· 039
Asio otus ········· 039
Athene noctua ········· 038
Aythya ferina ········· 091
Aythya fuligula ········· 092
Aythya marila ········· 092
Aythya nyroca ········· 091

B

Bombycilla garrulus ········· 163
Bombycilla japonica ········· 164
Botaurus stellaris ········· 111
Bubulcus ibis ········· 113
Bucephala clangula ········· 061
Butastur indicus ········· 053
Buteo hemilasius ········· 054
Buteo japonicus ········· 054
Buteo lagopus ········· 053
Butorides striata ········· 112

C

Calidris acuminata ········· 072
Calidris alba ········· 074
Calidris alpina ········· 074
Calidris canutus ········· 070
Calidris falcinellus ········· 071
Calidris ferruginea ········· 073
Calidris ruficollis ········· 071
Calidris subminuta ········· 072
Calidris temminckii ········· 073
Calidris tenuirostris ········· 070
Calliope calliope ········· 155
Calonectris leucomelas ········· 058
Caprimulgus jotaka ········· 118
Carpodacus erythrinus ········· 172
Carpodacus roseus ········· 173

Cecropis daurica ·············· 140
Charadrius alexandrinus ·············· 102
Charadrius dubius ·············· 101
Charadrius leschenaultii ·············· 102
Charadrius placidus ·············· 101
Chloris sinica ·············· 173
Chroicocephalus ridibundus ·············· 062
Ciconia boyciana ·············· 110
Ciconia nigra ·············· 109
Circaetus gallicus ·············· 045
Circus cyaneus ·············· 050
Circus melanoleucos ·············· 051
Circus spilonotus ·············· 051
Cisticola juncidis ·············· 136
Clanga clanga ·············· 046
Coccothraustes coccothraustes ·············· 171
Columba rupestris ·············· 116
Corvus corone ·············· 132
Corvus dauuricus ·············· 131
Corvus macrorhynchos ·············· 132
Coturnix japonica ·············· 115
Cuculus canorus ·············· 122
Cuculus micropterus ·············· 121
Cuculus poliocephalus ·············· 120
Cuculus saturatus ·············· 121
Cyanoptila cyanomelana ·············· 162
Cygnus columbianus ·············· 083
Cygnus cygnus ·············· 084
Cygnus olor ·············· 083

D

Delichon dasypus ·············· 140
Dendrocitta formosae ·············· 130
Dendrocopos hyperythrus ·············· 125
Dendronanthus indicus ·············· 166
Dicrurus hottentottus ·············· 128
Dicrurus macrocercus ·············· 127

E

Egretta eulophotes ·············· 076
Egretta garzetta ·············· 115
Elanus caeruleus ·············· 044

Emberiza aureola ·············· 179
Emberiza chrysophrys ·············· 178
Emberiza cioides ·············· 176
Emberiza elegans ·············· 179
Emberiza fucata ·············· 177
Emberiza pallasi ·············· 181
Emberiza pusilla ·············· 177
Emberiza rustica ·············· 178
Emberiza rutila ·············· 180
Emberiza spodocephala ·············· 180
Emberiza tristrami ·············· 176
Emberiza yunnanensis ·············· 175
Eophona migratoria ·············· 171
Eophona personata ·············· 172
Eudynamys scolopaceus ·············· 122
Eumyias thalassinus ·············· 162
Eurystomus orientalis ·············· 123

F

Falco amurensis ·············· 041
Falco cherrug ·············· 042
Falco naumanni ·············· 040
Falco peregrinus ·············· 043
Falco subbuteo ·············· 042
Falco tinnunculus ·············· 041
Ficedula albicilla ·············· 161
Ficedula mugimaki ·············· 161
Ficedula narcissina ·············· 160
Ficedula zanthopygia ·············· 160
Fringilla montifringilla ·············· 170
Fulica atra ·············· 098

G

Gallicrex cinerea ·············· 097
Gallinago gallinago ·············· 104
Gallinago megala ·············· 104
Gallinago stenura ·············· 103
Gallinula chloropus ·············· 097
Gavia adamsii ·············· 058
Geokichla sibirica ·············· 150
Glareola maldivarum ·············· 109

H

Haematopus ostralegus ·······061
Halcyon pileata ·······124
Haliaeetus albicilla ·······052
Hieraaetus pennatus ·······046
Hierococcyx hyperythrus ·······120
Hierococcyx sparverioides ·······119
Himantopus himantopus ·······099
Hirundo rustica ·······139
Horornis canturians ·······145
Hypsipetes amaurotis ·······141

I

Ixobrychus sinensis ·······111

J

Jynx torquilla ·······125

L

Lanius bucephalus ·······129
Lanius cristatus ·······129
Lanius sphenocercus ·······130
Lanius tigrinus ·······128
Larus cachinnans ·······064
Larus canus ·······063
Larus crassirostris ·······062
Larus vegae ·······063
Larvivora cyane ·······154
Larvivora sibilans ·······154
Limnodromus semipalmatus ·······069
Limosa lapponica ·······066
Limosa limosa ·······066
Locustella certhiola ·······138
Locustella lanceolata ·······138
Loxia curvirostra ·······174
Luscinia svecica ·······155

M

Mareca falcata ·······086
Mareca penelope ·······087
Mareca strepera ·······086
Melanitta stejnegeri ·······060
Mergellus albellus ·······093
Mergus merganser ·······093
Mergus serrator ·······060
Milvus migrans ·······052
Monticola gularis ·······158
Monticola solitarius ·······157
Motacilla alba ·······168
Motacilla cinerea ·······167
Motacilla tschutschensis ·······167
Muscicapa dauurica ·······159
Muscicapa griseisticta ·······158
Muscicapa sibirica ·······159

N

Netta rufina ·······094
Ninox japonica ·······038
Numenius arquata ·······068
Numenius madagascariensis ·······068
Numenius minutus ·······067
Numenius phaeopus ·······067
Nycticorax nycticorax ·······112

O

Oriolus chinensis ·······126
Otus semitorques ·······037
Otus sunia ·······037

P

Pandion haliaetus ·······043
Pardaliparus venustulus ·······133
Parus minor ·······134
Passer cinnamomeus ·······165
Passer montanus ·······166
Pericrocotus divaricatus ·······127
Periparus ater ·······133
Pernis ptilorhynchus ·······044
Phalacrocorax capillatus ·······059
Phalacrocorax carbo ·······098
Phalacrocorax pelagicus ·······059
Phoenicurus auroreus ·······156
Phylloscopus borealis ·······144
Phylloscopus fuscatus ·······142

Phylloscopus inornatus	143
Phylloscopus plumbeitarsus	144
Phylloscopus proregulus	143
Phylloscopus schwarzi	142
Phylloscopus tenellipes	145
Pica serica	131
Pitta nympha	126
Platalea leucorodia	110
Pluvialis fulva	065
Pluvialis squatarola	065
Podiceps cristatus	095
Prunella collaris	164
Prunella montanella	165
Pycnonotus sinensis	141

R

Rallus indicus	095
Recurvirostra avosetta	099
Regulus regulus	163
Remiz consobrinus	135
Riparia riparia	139

S

Saxicola stejnegeri	157
Scolopax rusticola	103
Sibirionetta formosa	090
Sittiparus varius	134
Spatula clypeata	089
Spatula querquedula	090
Spinus spinus	175
Spodiopsar cineraceus	148
Spodiopsar sericeus	149
Sterna hirundo	064
Streptopelia chinensis	117
Streptopelia decaocto	117
Streptopelia orientalis	116
Sturnus vulgaris	149

T

Tachybaptus ruficollis	094
Tadorna ferruginea	085
Tadorna tadorna	084
Tarsiger cyanurus	156
Tringa brevipes	069
Tringa erythropus	105
Tringa glareola	107
Tringa nebularia	106
Tringa ochropus	107
Tringa stagnatilis	106
Tringa totanus	105
Troglodytes troglodytes	147
Turdus eunomus	153
Turdus hortulorum	151
Turdus naumanni	153
Turdus obscurus	151
Turdus pallidus	152
Turdus ruficollis	152
Turnix tanki	108
Tyto longimembris	040

U

Upupa epops	123

V

Vanellus cinereus	100
Vanellus vanellus	100

X

Xenus cinereus	075

Z

Zapornia pusilla	096
Zoothera aurea	150
Zosterops erythropleurus	146
Zosterops simplex	147